低压故障排除培训指导书

DIYA GUZHANG PAICHU PEIXUN ZHIDAO SHU

- 主　编　姜懿倬　刘　伟　杨子军
- 副主编　王　莹　里佳格
- 参　编　刘东洋　燕飞宇

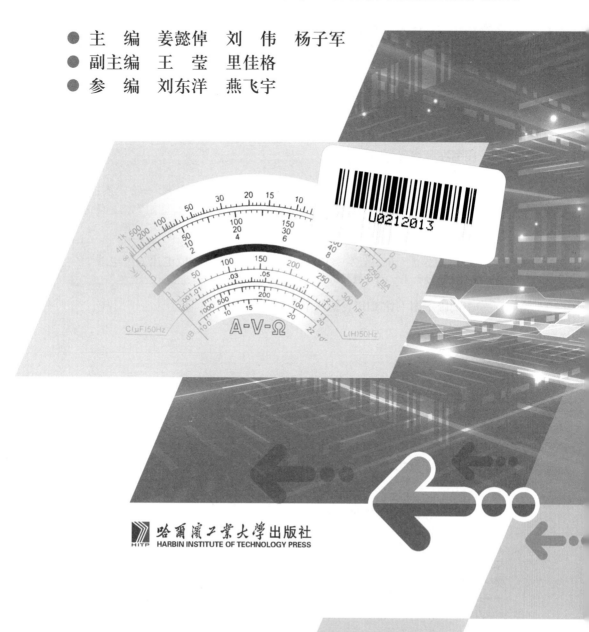

哈尔滨工业大学出版社
HITP　HARBIN INSTITUTE OF TECHNOLOGY PRESS

内 容 简 介

本书以提高学生的低压故障排除能力为目标,加强学生运用电路原理分析和解决实际工作生活中所遇低压故障排除问题的能力。

全书共七章,包括低压故障排除程控模拟装置组成介绍、程控装置软件操作及工器具使用、电业局资产部分故障的排查、单相照明回路故障的排查、计量回路故障的排查、电动机回路故障的排查、综合故障排查方法及系统常见故障处理。

本书主要作为高职高专电力技术类专业的教材使用,也可作为电力行业员工基础技能培训用书。

图书在版编目(CIP)数据

低压故障排除培训指导书 / 姜懿倬,刘伟,杨子军主编. —哈尔滨:哈尔滨工业大学出版社,2020.12
ISBN 978 - 7 - 5603 - 9012 - 3

Ⅰ. ①低… Ⅱ. ①姜… ②刘… ③杨… Ⅲ. ①低电压 - 配电线路 - 故障修复 Ⅳ. ①TM726.2

中国版本图书馆 CIP 数据核字(2020)第 158072 号

策划编辑 杜 燕
责任编辑 王会丽
封面设计 高永利
出版发行 哈尔滨工业大学出版社
社 址 哈尔滨市南岗区复华四道街 10 号 邮编 150006
传 真 0451 - 86414749
网 址 http://hitpress.hit.edu.cn
印 刷 哈尔滨博奇印刷有限公司
开 本 720 mm×1 020 mm 1/16 印张 6.5 字数 105 千字
版 次 2020 年 12 月第 1 版 2020 年 12 月第 1 次印刷
刊 号 ISBN 978 - 7 - 5603 - 9012 - 3
定 价 28.00 元

前　言

在供配电网络运行中,低压照明回路和典型动力回路的安装、调试、运行及维护是供配电检修人员及维修人员的日常工作。在实际工作中,维修人员经常会因基本理论知识匮乏而无法及时做出正确判断,导致延缓故障排除、损坏电气元件及设备等后果,严重时出现危害人身安全事故。

本书以 CKM – S17D 型低压故障排除程控模拟装置所模拟的低压故障为主线,详细介绍了低压回路中的常见故障,如电业局资产部分、单相照明回路部分、电动机控制部分、电能计量部分等,并对各故障的现象、检查处理方式、辨别和解决方法等做了详尽的分析,为即将步入工作岗位的学员及现场工作人员提供了快速提升低压故障分析及解决能力的实用性资料。

本书的主要特色如下:

(1)相关内容归纳、总结条理清晰,便于教学与培训授课。

(2)每章均配有课后习题,便于读者学习结束之后自查内容掌握情况。

(3)细化故障类型,明晰以往低压故障复杂、零散、特征模糊不好辨别的问题,并加强了故障的原理性分析。

本书共分为七章,其中第一章及第五章至第七章由哈尔滨电力职业技术学院姜懿倬、刘伟、杨子军共同编写,第二章由国网天津市电力公司东丽供电分公司里佳格编写,第三章由哈尔滨电力职业技术学院王莹编写,第四章由哈尔滨电力职业技术学院刘东洋、燕飞宇共同编写。全书由姜懿倬统稿。

限于作者理论水平和实践经验局限,书中难免存在一些疏漏和不足之处,恳请读者批评指正。

姜懿倬

2019 年 12 月

目　　录

实 训 要 求

一、实训目的

低压故障排除设备是一种集培训学习、理论验证、实操能力、考核鉴定于一体的多功能实训设备,具有模拟现场功能强,故障设置方便,柜体结构简洁,可靠性好等特点。

低压排故实训的开设,目的是通过仿真实训,使学生熟悉常用的电工工具、仪器仪表的使用,并通过短时间的加强训练,掌握低压回路中各种常见故障的特征、数据测量、查找方法,以及学会逻辑原理的分析。培养学生发扬精益求精、认真钻研和实事求是的工作精神,严格要求自己,提升专业技能,为今后从事一线工作打下必要的良好的专业基础。

本实训能满足电工考核鉴定中的电力拖动控制与照明电路的考核项目需要,同时也可应用于末端供电所和配电抢修中心工作人员日常技术训练。本实训适用于各劳动职业技能鉴定部门、供电系统基层单位,电力培训部门、大中专、技校、职校的电工、发电、继电及供电专业的教学与培训。

二、实训内容

1. 了解实训室设备的构成、操作、软件使用等基础内容。

2. 熟悉电动机回路、计量回路、无功补偿回路、照明回路及电压、电流监察回路的工作原理,各种开关及熔断器的使用条件。

3. 掌握验电笔、万用表等测试仪表的使用方法。

4. 掌握故障查找的方法步骤及安全注意事项。

5. 掌握读图的方法,能够读懂各回路的工作原理、工作过程或工作流程。

三、注意事项

为了保证实验实训中人身安全与设备的安全可靠运行,参与实训的人员都必须严格遵守本规程。对违反规程的现象,指导教师有权加以制止,不听从者停止其实验实训,所造成的一切后果由个人承担。违反操作规程损坏设备要按价赔偿,造成人身伤害,追究违规责任。

1. 实训中应树立"安全第一"的思想,尊重指导老师,认真练习,勤于思考。

2. 每个实训小组选出组长一人,负责清点、分发、管理工具、仪表,登记实训人员考勤,填写实训记录表。

3. 进入实训场地着装要整齐,长发要盘起,禁止穿过于宽大的服装,禁止穿半截衣裤和裙子,禁止穿拖鞋和高跟鞋。

4. 在实训场地要服从指导教师的指挥,未经许可不能移动实训室的仪器和设备,在实训过程中爱护设备,工具、仪表不得随意乱放、乱拿,应合理使用、小心保管,实训完毕原样归还,如有遗失须照价赔偿。

5. 在实训场地禁止高声喧哗和打闹,禁止倚、靠、踩踏实训设备。禁止攀爬窗台或将身体探出窗外,防止发生意外事故。

6. 禁止将食物等与实验实训无关的东西带入实验实训场地,严禁将废纸及各种杂物随处乱扔乱放,废弃物品扔进指定垃圾桶中,饮用水拧紧盖子,防止溢出。

7. 实验实训中,要爱护仪器仪表和设备,搬动时要轻拿轻放,防止伤人或损坏仪器设备。使用仪表测量的过程中,要注意挡位和量程的选择。

8. 实验实训中,必须严格按操作程序进行,禁止随意乱动。

9. 带电测量时,应先验电,涉及导线的操作应小心谨慎,禁止大力撕扯导线。

10. 有问题及时汇报给现场指导教师解决,服从指导教师安排,遵守劳动规律。如实训人员违反规定且不听指挥,指导教师有权终止其实训,收回测量工具、仪表,要求其离开实训场地。

11. 实训结束后应整理现场,检查清点工具仪器和设备,并放置整齐,打扫场地卫生。

12. 实训期间不准未经批准随意外出。

第一章　低压故障排除程控模拟装置组成介绍

第一节　CKM－S17D型低压排故装置概述

CKM－S17D 型低压故障排除实训装置(以下简称装置)是集培训学习、理论验证、实操能力、考核鉴定于一体的多功能实训设备,装置模拟现场功能强,故障设置方便,柜体结构简洁,可靠性好,能满足电工考核鉴定中的电力拖动控制与照明电路的考核项目需要,同时也可应用于末端供电所和配电抢修中心工作人员日常技术训练。是专为各劳动职业技能鉴定部门、供电系统基层单位,电力培训部门、大中专、技校、职校的电工、发电、继电及供电专业的教学、培训和考核量身设计打造的。

一、构成

实训装置配有日光灯、白炽灯、节能灯、单联开关、双联开关、插座、延时型和瞬动型漏电断路器、熔断器、电流互感器、普通型和电容切换型接触器、单三相负荷开关、时间继电器、热过载继电器、按钮、三相异步电动机、信号灯、转换开关、单三相电能表、电压表、电流表、无功功率补偿控制器等器件,可以实现照明电路、动力电路中的常见故障现象等数十种模拟仿真,如交流电动机自锁控制实验,交流电动机的 Y－△降压启动实验,电动机缺相的实验,电动机保护器的实验,三相电能表故障实验,漏电保护器的实验,无功功率补偿控制器的实验,楼梯照明灯的实验,电感式日光灯的实验,单相电能表的故障实验等。

二、性能指标

(1)外形尺寸:800×600×2 260(单位:mm×mm×mm)。

(2)电压要求:三相四线(380±38)V。

(3)频率要求:50 Hz。

(4)装置容量: <3 kV·A。

(4)工作环境:温度 -10 ~ +40 ℃,相对湿度 <85%(25 ℃),海拔 <4 000 m。

三、设备配套组成

计算机 1 台,模拟屏(柜)1 台,电源线 1 根,通信线 1 根,安装光盘 1 张,使用说明书 2 本,合格证 1 份,工作椅 1 把,计算机桌 1 张,柜门钥匙 1 套。

第二节　硬件介绍

CKM-S17D型仿真系统的硬件装置是一个柜体,装置的操作外观面板如图 1-1(a)所示,柜体内部面板如图 1-1(b)所示,下面我们进行详细讲解。

一、电业局资产部分

在柜体的上面板,即电业局资产部分,分布着三个电流表、一个电压表、一个电压指示切换开关、智能无功补偿装置,这些是模拟电业局的配电柜设计的,如图 1-2所示。

电流表用来监视三相电网电流;电压表用来显示电压;电压指示切换开关用来切换电压表指示线电压,以实现一个电压表可以监测三相电网的相间电压的目的(电压转换开关上的"A、B、C"分别对应"U、V、W");无功补偿装置的功率因数表用来指示用户电网的负载平均有功功率对视在功率的比值,该数理想值为1。实际用户的动力电路中,功率因数会出现滞后的偏离,通常用三相电力电容进行补偿,来提高功率因数。无功补偿装置的主要作用是补偿用户负载电网中的无功部分,自动投切电容柜中的电容组,使用户电路中的功率因数总控制在滞后 0.9~1 的范围内。

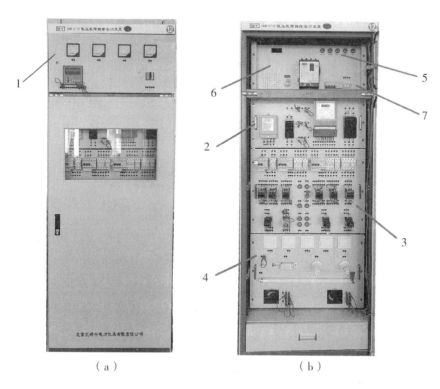

（a）　　　　　　　　　　　　（b）

图 1-1　CKM-S17D 型系统的操作面板

（a）操作外观面板　　　　　　　　　　（b）柜体内部面板

1—电业局资产部分;2—用户的计量部分;3—电动机控制部分;4—单相照明回路部分;5—报警指示灯;6—故障显示指示灯及手动设置故障部分;7—开关部分

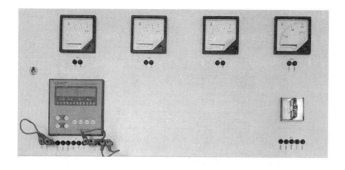

图 1-2　电业局资产部分放大图

二、用户的计量部分

用户计量部分位于柜体的中上部,放大图如图 1－3 所示。

图 1－3　用户计量部分放大图

在柜体中部右侧,安装有一块三相四线有功电能表,电能表采用的接线方式是经互感器接入,完全仿真了配电柜中低压电能计量的模式。柜体中部左侧安装有一块单相电子式电能表,采用的接线方式是直接接入式,仿真了居民用户电能计量的模式。

三、电动机控制部分

电动机控制部分位于柜体的中下部,放大图如图 1－4 所示。

图 1－4　电动机控制部分放大图

这部分包含了电容投切电路,电动机正反转控制电路,电动机 Y - △ 启动控制电路,单相总漏电开关电路,它们之间用灰色虚线隔开,便于学员掌握,它们涵盖了电容投切、电动机控制等常见的元器件,分别是启动、停止按钮,交流接触器,电容切换接触器,热过载继电器,时间继电器以及 Y - △ 运行指示灯,实现了电动机的自锁控制和 Y - △ 降压启动控制,同时热过载继电器也保护了电动机。电容器和电动机放在了机柜底部,避免了人或物碰到损坏,同时通过观察窗也能观察到电动机的运行情况,观察窗设在正面面板下部。

四、单相照明回路部分

单相照明回路部分位于柜体的底部,放大图如图 1 - 5 所示。

图 1 - 5 单相照明回路部分放大图

单相照明回路涵盖了日光灯、节能灯、单联单控开关、单联双控开关和插座等元器件,可以进行插座、日光灯、白炽灯、楼梯照明开关等多个实验项目。

五、报警指示灯部分

报警指示灯部分位于柜体的最顶部,图 1 - 6 为装置报警指示灯部分的局部放大图。

报警指示灯是针对设备的"过流""接零"及"漏电"现象的报警提示。

设备在运行中,一旦出现上述情况,剩余电流动作断路器分闸,相应的故障报警灯亮起,同时设备发出不间断的单音报警。"过流""接零"及"漏电"等故障的含

7

义详见第七章第三节。

U相过流　　V相过流　　W相过流　　接零　　漏电

图1-6　报警指示灯部分放大图

六、故障显示指示灯及手动设置故障部分

图1-7为故障显示指示灯及手动设置故障部分的放大图。

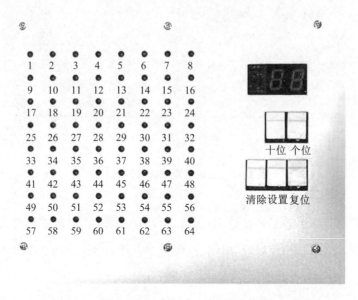

图1-7　故障显示指示灯及手动设置故障部分放大图

图中左侧为故障显示指示灯,共64个,故障设置成功后,序号相对应的指示灯会亮起(软件选择"设备面板显示错误点",详见第三节软件介绍)。

图中右侧为手动设置故障部分,分三行布置。

第一行:故障显示窗。

两位 LED 灯,用于显示当前选择的故障点。

第二行:"个位""十位"键。

用来选择故障显示点,每个按键在按下后,显示窗的数字会增加 1,至最大数后归零,循环显示。组合数字为原理图中能显示的所有故障点的序号。

第三行:"清除""设置""复位"键。

"清除"键:取消已经设置的故障点。

"设置"键:选择到当前需要设置的故障点,按下"设置"即可设置该故障点。

"复位"键:按下后对转换箱进行总复位。

需要注意的是,这部分的故障显示指示灯只能显示故障序号为前 64 的故障,手动设置故障按键也只能设置序号前 64 的故障,序号 64 以后的故障,是不能设置及显示的。

七、开关部分

柜体报警灯的下面,是设备的开关部分,图 1 - 8 为设备开关部分的局部放大图。

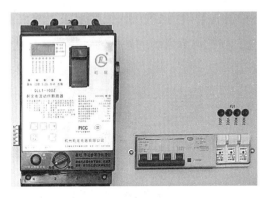

图 1 - 8　开关部分放大图

左侧装置是剩余电流动作断路器。启动设备时,先合装置的总电源开关,大约 20 s 后,剩余电流动作断路器会"啪"的一声自动合闸(自动状态),最后按下机柜左侧面板的电源按钮,电源即可接通。

右侧的空气开关是所有回路的电源开关,它控制所有回路通、断电,所以在查看各回路是否正常运行前,需合此空气开关。

八、电源部分

机柜左侧的侧面板主要涉及的部分就是装置与外界的连接线板块和操作按钮板块。

图 1－9 为装置电源部分的局部放大图。

显示"通"的按钮是启动按钮，柜体装置通电后，控制与计算机相接通的开关。按下"通"按钮后，计算机与柜体装置接通，之后才可以通过计算机的软件操作把接线指令下达给柜体装置。

显示"断"的按钮，作用是终止对柜体装置进行供电，关闭系统。

显示的"计算机接口"是 RS－232 通信接口，用于检测、校验柜体装置内部程序。

最下侧是接地点，作为整个柜体装置的接地保险，应与实训室内的地线可靠相连。

除此之外，柜体底部还有一条数据传输线，通过水晶头与计算机主机相连接，进行通信传输，计算机软件操作的接线指令经此数据传输线下达给柜体装置。

柜体装置上的各种设备装设完成以后，按照要求连接好装置的电源线、通信线，再打开装置总开关，此时，仿真系统的硬件装置完全准备就绪，可以随时开始工作。按下"通"按钮接通电源。按下"断"按钮中断对系统的供电。

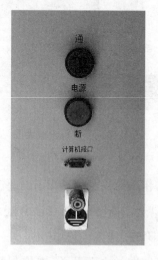

图 1－9　装置电源部分放大图

按上述步骤接通电源,启动完成 CKM - S17D 型仿真系统的硬件设备后,即可通过计算机进行各种接线的仿真练习,详见第二章软件操作。

第三节　软件介绍

一、安装环境要求

运行本软件需要以下环境:

IBM PC 或兼容微机;显示设置支持 1 024 × 768 分辨率和真彩色(或增强色)配置;Pentium Ⅲ 以上的 CPU;256 MB 以上内存;运行 Windows XP 中文版操作系统;安装 Office 2003 办公软件。

二、安装步骤

本系统下载或使用安装光盘上的安装文件,安装步骤如下。

(1)首先将安装文件拷至电脑桌面(或设备自带的安装光盘放入计算机光驱中)。在 Windows 桌面上找到安装文件,图标如图 1 - 10 所示。

图 1 - 10　安装文件图标

(2)双击安装文件。系统提示将安装程序至电脑,如果想取消安装,单击"取消",如果确定安装,单击"下一步"。界面如图 1 - 11 所示。

图 1 –11　系统提示安装界面

　　(3)单击"下一步"后,系统提示可以选择安装的目录,系统默认目录为"C:\
Program Files\BYXSOFT\CKM – S17",界面如图 1 – 12 所示。如果需要修改安装目
录,可以单击图中目录右侧的"浏览"按钮,则会出现系统根目录,可以选择更改文
件的安装位置。

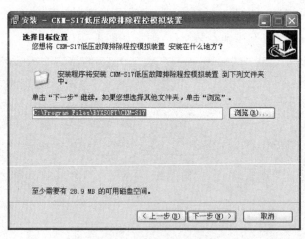

图 1 –12　安装目录界面

　　(4)单击"下一步"后,系统提示可以选择在开始菜单文件夹里安装快捷方式,
系统默认文件夹为"北京北研兴电力仪表责任有限公司",界面如图 1 – 13 所示。
如果需要修改安装文件夹,可以单击图中目录右侧的"浏览"按钮,选择更改位置。

图 1 – 13　开始菜单文件夹中的快捷方式

(5)单击"下一步"后,系统提示可以创建桌面快捷方式,界面如图 1 – 14 所示。如果不需要,则取消勾选即可。

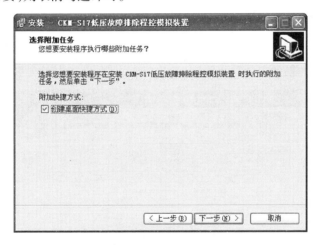

图 1 – 14　创建桌面快捷方式

(6)单击"下一步"后,系统提示即将安装软件,界面如图 1 – 15 所示。如果确认安装,单击"安装";如果需要更改,则单击"上一步",即可对安装位置等信息进行修改。

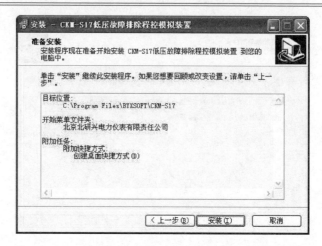

图1－15　确认安装界面

　　(7)单击"安装"后,系统安装软件,界面如图1－16所示。整个安装过程需要几分钟的时间,安装进度会在界面的进度条中显示,在安装的过程中,不要随意触碰任何按钮或者关机,否则会导致软件安装失败。

　　软件安装的过程中,如果单击"取消",则系统会认为操作者有意放弃安装,会做出文字提示,如果确定要放弃安装,单击"确认"即可,系统会退出安装。

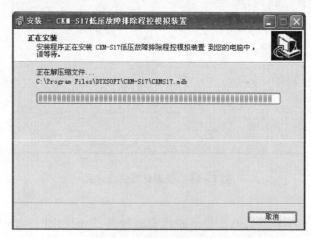

图1－16　软件安装界面

（8）安装完毕后，系统会出现提示界面，如图1-17所示。

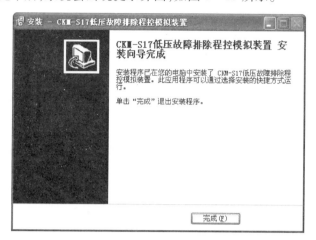

图1-17 软件安装完成界面

（9）单击"完成"后，系统返回桌面，桌面上出现了一个快捷方式，如图1-18所示。

图1-18 创建快捷方式后的界面显示

双击桌面快捷方式，运行出现主画面后即可开始实训操作。

第四节　操作注意事项

(1)装置应远离水源、热源、辐射源,不要在高温、湿度大、污染严重、有振动和冲击的环境中使用和保存装置。

(2)装置周围应铺设绝缘防护设施,以及必要的安全防护栏,非操作人员、监护人员严禁入内。

(3)非操作人员以及未成年人禁止靠近装置,以免造成伤害。

(4)实训时操作人员、监护人员应注意力集中,禁止打闹喧哗并且遵守实训室相关管理规定。

(5)操作人员应当穿戴整齐合格的工作服、绝缘鞋、手套、安全帽等。

(6)实训、竞赛、考核时至少需要一名监护人对操作者进行监护。

(7)装置操作人员应当具备基本的电气知识及安全生产知识,新进岗位参加培训的人员必须掌握基本的安全知识后,方可操作装置。

(8)装置电源应单独使用具有剩余电流保护的电源插座或接在单独控制的小型断路器上,装置地线应与实训室地线可靠连接。

(9)操作或测试装置时禁止使用不合格的工具、仪器仪表,按照相关操作要求正确使用工具、仪器仪表。

(10)未经教师允许禁止进行任何操作,严禁私自拆装各种连接线和设备元器件。

(11)如果较长时间不使用装置,请断开装置电源开关,以延长装置使用寿命。

(12)严禁在带电状态下进行接线、改线、连线、更换元器件等操作。

(13)装置通电前应该仔细检查装置操作区域是否有遗忘的工具、仪器仪表或者导线。

(14)操作人员有权拒绝违章指挥和冒险操作,在发现危及人身和设备安全的紧急情况时,有权停止操作或者在采取可能的紧急措施后撤离操作场所,并立即报告。

(15)测试时先连接测试仪器端上的接线,后连接装置测试点的连线,拆除时与之相反。

（16）非授权检修人员不得自行拆卸装置内部元件进行检修。

（17）避免水或导电的物质（如工具、导线等）进入装置内部，一旦发生，应立即彻底关闭电源进行处理。

（18）移动装置或断开通信接口时，必须关掉电源，否则可能会引起装置损坏。

（19）装置出现工作异常或电源报警声响时，请紧急关闭电源。详细查找报警原因，无法解决时请及时联系设备厂家售后服务部。

（20）遇紧急情况时，应立即关闭电源开关并采取必要的安全措施。

（21）操作过程中操作人不得有任何未经监护人同意的操作行为，不准随意解除闭锁装置。

（22）电器设备操作后的位置检查应以设备实际位置为准。

（23）操作人员应当详细阅读安全须知以及使用说明书。

课后习题

（1）实训装置中的电业局资产部分是由哪些设备构成的？作用分别是什么？

（2）只观察仿真装置外观，如何判断仿真装置是否处于运行状态？

（3）柜体装置在停电的状态下进行维护检修，检修人员使用相关工具时，是否可以从柜体装置的供电插座中取电？

（4）设备操作面板的故障按钮有多少个？可设置所有的故障吗？

（5）操作按钮板块中"复位"按钮的作用是什么？

第二章 程控装置软件操作及工器具使用

第一节 程控系统介绍

一、系统登录

启动柜体装置,按下机柜左侧面板上的"通"按钮,柜体装置启动与计算机接通。

然后打开计算机,双击桌面的快捷方式,或选择"开始→程序→北京北研兴电力仪表责任有限公司→CKM-S17低压故障排除程控模拟装置"命令,即可进入主界面,主界面如图2-1所示。

图2-1 软件主界面

注意,主界面左下角应有"通信状态:连接"的文字提示。如果软件启动之前没有启动柜体装置或者计算机与柜体装置未能有效连接,则主界面左下角会做出"通信状态:中断"的文字提示,如图2-2所示。

通信状态: 中断(COM4)

图2-2 非正常连接提示

如果提示"通信状态:中断",说明柜体装置与计算机不能有效连接。界面会自动弹出"装置设置"对话框,可以对装置进行设置,具体设置下文"功能介绍"中会叙述。这种情况的出现一般是没有启动柜体,所以尝试关闭主界面,重启柜体后再打开软件主界面即可恢复正常。如果提示仍然是"通信状态:中断",则需检查计算机与柜体的数据传输线是否可靠连接。应保证连接正常、启动顺序正确,否则无法进行信息传送。只有通信正常连接,才可以进行下一步操作。

二、程控模拟装置各功能简介

按照正常顺序操作后,计算机的主界面如图 2 - 1 所示。第一行使用菜单,列出了装置的各项功能:系统(S)、考试培训(P)、考试管理(M)、考题管理(Q)、帮助(H),第二行为工具栏,是装置常用的一些设置和操作。实训以培训、操作及考核为主,所以程控模拟装置功能我们只介绍第二行工具栏的主要内容。

1. 装置设置

在程控模拟装置主界面下,单击"装置设置",进入装置设置的总界面,如图 2 - 3 所示。这个界面包含了"装置设置""通信类型"和"通信设置"三个小的单元,界面分别如图 2 - 3(a) ~ (c)所示。

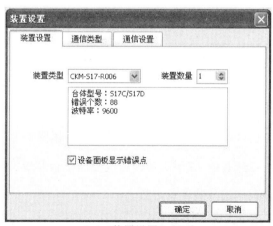

(a)"装置设置"界面

图 2 - 3　装置设置总界面

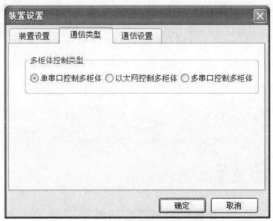

（b）"通信类型"界面

（c）"通信设置"界面

续图 2－3

（1）"装置设置"界面。

装置类型 和下面的备注简介是自动生成的,不用更改。

装置数量 是可以选择的,如果 1 台计算机控制 1 台装置,则选择 1；如果 1 台计算机控制所有装置,则选择装置总台数。

设备面板显示错误点 的含义是柜体上方的故障显示指示灯（图 1－7 左侧）是否启动,如果勾选,则故障设置以后相应序号的指示灯亮起,如不勾选,故障指示灯不工作,考核时建议不勾选。

（2）"通信类型"界面。

单串口控制多柜体 表示多个柜体之间用串口线串接连接,只需侦测第一台柜体的串口即可。

以太网控制多柜体 表示每个柜体之间连接 1 台计算机(多台柜体接多台计算机),服务器通过以太网把命令发给该计算机,该计算机经过转发工具与柜体通信。

多串口控制多柜体 表示通过串口服务器连接到每个柜体上面,需设置每个柜体的串口。

实训室使用的通信类型是单串口控制多柜体,即程序默认通信类型,不用修改。

（3）"通信设置"界面。

波特率 9600 自动生成;

通信端口 下拉菜单中可选,也可单击"自动侦测",侦测到串口后,单击"确定"。

注意:如果侦测不到端口,则检查接线或复位设备;如果是 1 台设备,侦测不到端口时,检查控制箱的地址是否为 1。

2. 报警信息

在程控模拟装置主界面下,单击"报警信息",进入报警信息界面,如图 2 - 4 所示。

图 2 - 4　报警信息界面

此界面中显示的是装置本身出现的报警信息,可以全部预览,当设备较多的时候,也可以输入设备编号,单独进行查询。

3. 设备状态

在程控模拟装置主界面下,单击"设备状态",进入设备状态界面,如图2－5所示。

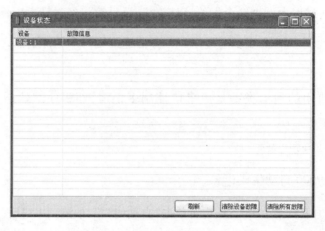

图2－5 设备状态界面

此界面中显示的是设备的故障信息,即实训人员对装置人为设置的故障。应与设备出现意外故障而产生的报警区分开。

由于故障会随着实训人员的设置而随时变化,所以如果要了解故障设置的最新动态,应单击右下角的 刷新 按钮。

如果需要在计算机上清除某台设备所设置的全部故障,可在界面中单击该设备,选中(底色变蓝)后,单击右下角的 清除设备故障 按钮。如果需要清除所有设备的故障,在此界面下单击右下角的 清除所有故障 按钮,所有设备的故障就全部清除掉了。

4. 培训

培训是本实训的重点内容,具体操作、界面的设置及含义,我们将在第二节中进行详细讲解。

5. 考试相关功能

在程控模拟装置主界面中,工具栏中与考试相关的功能按钮有 考前设置 、考试(E)、考题管理、考生、考卷等,这些功能在考核前及考核时,是由专门负责考核的人员来设置及操作的,不需实训人员全部掌握,这里就不做讲解了。

6.帮助及关于

帮助按钮是软件内置的帮助文档,内容是关于软件中各部分的操作使用信息,它可以使操作人员更快地熟悉软件内容。

关于按键是操作人员了解软件主程序版本信息及公司信息的途径。

7.退出

在程控模拟装置主界面单击退出(X),软件主界面将出现询问是否退出程序的对话框,确认退出后,软件退出运行。

第二节　培　　训

一、界面各部分介绍

在程控模拟装置主界面中,单击"培训",进入培训界面,如图2-6所示。

整个培训界面,可划分为三个部分:故障信息部分(图左线框)、原理图部分(图右线框)以及控制按钮部分(图上线框)。

下面,我们详细地介绍一下整个培训界面中各部分的含义。

1.故障信息部分

如图2-6图左线框中所示,故障信息部分又分了三层,设备编号、故障编号和故障详细信息。

(1)设备编号。

在"装置设置"里设置装置类型及数量,然后在培训界面里就可以看到设备的数量了。如果是1台计算机控制1台设备,设备编号一栏只有"设备1";如果1台计算机控制多台设备,设备编号一栏会出现"设备1""设备2""设备3"……需要在哪台设备设置故障,单击相应的设备编号,进入相关设备界面即可。

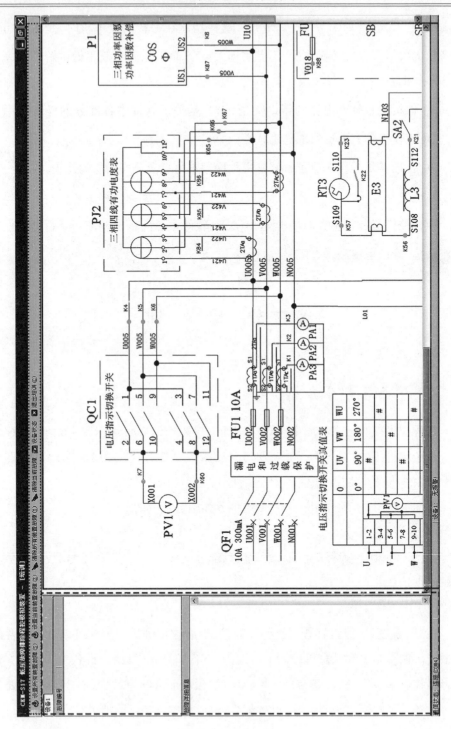

图 2 - 6　培训界面

（2）故障编号。

右侧原理图上设置故障点后，可以在左侧的设备列表中看到所选中的故障点编号，如 k1，k2，……

（3）故障详细信息。

如果想了解已设置故障的详细信息，可在故障编号栏单击故障编号，选中的故障编号会变色凸显，这时，故障详细信息栏中就会显示编号故障的详细信息。

2. 原理图部分

（1）原理图。

原理图部分呈现的是整个装置可以模拟的全部故障的原理接线图，所有故障点及编号均在图中变色标出，绿色表示该故障点尚未设置，红色表示该故障点已经设置。

当鼠标移动到故障点并做停留时，故障点附近就会出现该故障点状态以及故障现象、故障原因等注释。

由于电路组成的部分较多，所以不能在一个界面全部展现出来，单击鼠标左键，当鼠标变成 ✥ 状态时，可以在界面框内移动原理图，按住 Ctrl 键滚动鼠标中间转轮可以放大或缩小原理图。

原理图部分还有快捷键操作，即在原理图区单击鼠标右键就可以快速选择"清除所有故障""放大""缩小""还原""查找故障点""适应当前窗体"等功能。

（2）故障点。

故障点的设置及清除是由鼠标操作完成的，方法有两种：①使用鼠标左键双击故障点；②使用鼠标右键单击故障点后，在弹出菜单进行选择。设置完成后，故障点在原理图中的显示由绿色变成红色，且故障点的编号出现在左侧的设备列表中。

由于故障点的数量非常多，在知道故障点序号的情况下，如果需要查找故障点位置，方法是在原理图区，单击鼠标右键，从中选择"查找故障点"，这时会弹出查找故障点的界面，在该界面中输入要查找的故障点的名称，例如 k1，然后单击确定 进行查找，此时可在原理图上看到 k1 点，并以紫色显示该点。

3. 控制按钮部分

控制按钮部分一共有六个按钮，功能如下。

（1）设置当前装置故障按钮。

需要在哪台设备设置故障，单击相应的设备编号，进入相关设备界面，在故障点设置完成后，单击设置当前装置故障按钮，计算机软件操作的故障信息设置指令就会被下达给柜体装置了。

（2）设置所有装置故障按钮。

所有设备的故障点单独设置完成后，单击设置所有装置故障按钮，计算机软件操作的故障信息设置指令就会被顺次下达给所有柜体装置。

（3）清除所有装置故障按钮。

单击清除所有装置故障后，所有装置上的故障将全部被清除掉，此按钮一般适用于两轮比赛之间，一轮成绩统计结束后，清除所有故障，便于重新设置下轮比赛故障。

（4）清除当前故障按钮。

选定某台设备，进入设备界面后，单击清除当前故障，就可以把当前装置上的故障全部清除掉。

（5）设备状态按钮。

单击设备状态按钮后，进入设备状态界面，可查看每台设备的故障信息。

（6）退出培训按钮。

单击退出培训按钮后，可退出培训界面，返回主界面。

需要注意的是，在培训界面，只有单击退出培训按钮才能退出此界面，直接单击界面右上角的×是无法关闭界面的。

二、常规实训练习的操作步骤

下面简要介绍一下实训学员进行低压排故培训练习时的常规操作步骤。

（1）启动程控模拟装置。

将实训室总电源合闸，等待大约 20 s 后，装置的剩余电流保护装置自动合闸（自动状态，"啪"的一声），电源即可接通装置。

检查柜体正面的短路线连接正常,确认连接无误后,按下装置左侧门下部的电源按钮(绿色"通"按钮),此时装置上部的时钟窗口应显示00:00。

(2)启动计算机操作端。

打开计算机,双击快捷方式"CKM－S17低压故障排除程控模拟装置",进入软件的主界面。

(3)设置故障。

注意主界面左下角的"通信状态:连接"文字提示,如显示"通信状态:中断",则重新进行装置设置。如果忽略了这步,可能会造成后续操作全部失灵,所以养成在启动设备后、设置故障前,先行查看通信状态的习惯很重要。

单击 培训 按钮,进入培训界面,在培训界面左上角中,选择设备编号,然后在右侧原理图中,去设置需要的一个或多个故障点(双击故障点即可)。

在界面上侧控制栏处,单击控制栏上的 设置当前装置故障 ,几秒钟后,可听到设备传来轻微的"嗒嗒"声,这是继电器动作的声音,意味着故障信息设置从电脑到设备传递成功。

(4)判断故障。

合上装置上侧最右边的空气开关,装置所有回路的电源开启。分别查看电压回路、电流回路、照明回路、电动机正反转回路、电动机 Y－△ 启动回路、无功补偿回路、单相计量回路以及三相计量回路等各部分是否正常,如果出现异常,现象都是什么。并根据故障的现象初步判断故障的原因及位置。通过检测工具的测量数值,再次辅助进行判断故障的位置。

(5)排除故障。

拉开装置上侧最右边的空气开关,装置所有回路的电源关闭。使用长度适宜的短接线,连接判断出的故障点,或将故障点的短接线移除。

注意:排除故障的步骤一定要在装置断电的情况下进行!

(6)复查。

确认短接线连接无误,合上装置上侧最右边的空气开关。分别查看电压回路、电流回路、照明回路、电动机正反转控制回路、电动机 Y－△ 启动控制回路、无功补偿回路、单相计量回路以及三相计量回路等各部分是否恢复正常。如恢复正常,则故障排查正确;如故障仍存在,则需重复第(4)(5)步。

(7)装置恢复。

硬件恢复,拉开装置上侧最右边的空气开关,装置所有回路的电源关闭。拔除所有排故时临时连接的短接线,恢复装置原有的短接线,将装置复原成初始状态。

软件恢复,单击 清除当前故障 。

(8)关闭程控模拟装置。

实训结束后,单击 退出培训 按钮,退出培训界面,返回主界面,在主界面单击 退出(X) 按钮,软件主界面将出现询问是否退出程序的对话框,确认退出后,软件退出运行。

第三节　工具的使用

用于检测低压回路故障的检测仪器种类很多,针对本装置需要测试的内容可以分为测量电压的仪器、测量电流的仪器和验电的仪器等几类。

一、万用表的使用方法

万用表又称为复用表、多用表、三用表、繁用表等,是电力电子等部门不可缺少的测量仪表,一般以测量电压、电流和电阻为主要目的。万用表按显示方式分为指针万用表和数字万用表。是一种多功能、多量程的测量仪表,一般万用表可测量直流电流、直流电压、交流电流、交流电压、电阻和音频电平等,有的还可以测电容量、电感量及半导体的一些参数(如 β)等。

数字万用表是目前最常用的一种数字仪表。其主要特点是准确度高、分辨率强、测试功能完善、测量速度快、显示直观、过滤能力强、耗电省,便于携带。进入90 年代以来,数字万用表在我国获得迅速普及与广泛使用,已成为现代电子测量与维修工作的必备仪表,并正在逐步取代传统的模拟式(即指针式)万用表。

数字万用表亦称为数字多用表(DMM),其种类繁多,型号各异。每个电子工作者都希望有一块较理想的数字万用表。选择数字万用表的原则很多,有时甚至会因人而异。但对于手持式(袖珍式)数字万用表而言,大致应具备以下特点:显示清晰,准确度高,分辨力强,测试范围宽,测试功能齐全,抗干扰能力强,保护电路比较完善,外形美观、大方,操作简便、灵活,可靠性好,功耗较低,便于携带,价格适中等。

数字万用表是一种多用途电子测量仪器,一般包含安培计、电压表、欧姆计等功能,有时也称为万用计、多用计、多用电表或三用电表。我们用数字万用表测量时需要明白其测量的原理、方法,从而理解性地记忆。本书介绍了万用表用得最多的几种测量,包括电阻的测量;直流、交流电压的测量;直流、交流电流的测量;二极管的测量;三极管的测量。

(一)元件测量

1. 电阻的测量

(1)测量步骤。

首先红表笔插入"V/Ω"孔,黑表笔插入"COM"孔,量程旋钮打到"Ω"量程挡适当位置,分别用红、黑表笔接到电阻两端金属部分,读出显示屏上显示的数据,如图 2－7 所示。

图 2－7　电阻的测量

(2)注意事项。

量程的选择和转换。量程选小了显示屏上会显示"1",此时应换用较之大的量程;反之,量程选大了的话,显示屏上会显示一个接近于"0"的数,此时应换用较之小的量程。

（3）如何读数。

显示屏上显示的数字再加上边挡位选择的单位就是它的读数。要提醒的是在"200"挡时单位是"Ω"，在"2k～200k"挡时单位是"kΩ"，在"2M～2000M"挡时单位是"MΩ"。

如果被测电阻值超出所选择量程的最大值，将显示过量程"1"，应选择更高的量程，对于大于 1 MΩ 或更高的电阻，要几秒钟后读数才能稳定，这是正常的。

当没有连接好时，例如开路情况，仪表显示为"1"。

当检查被测线路的阻抗时，要保证移开被测线路中的所有电源，所有电容放电。被测线路中，如有电源和储能元件，会影响线路阻抗测试的正确性。

注意：万用表的"200MΩ"挡位，短路时有 10 个字，测量电阻时，应从测量读数中减去这 10 个字。如测电阻时，显示为 101.0，应从 101.0 中减去 10 个字。被测元件的实际阻值为 100.0 即 100 MΩ。

2. 直流电压的测量

（1）测量步骤。

红表笔插入"V/Ω"孔，黑表笔插入"COM"孔，量程旋钮打到"V－"适当位置，读出显示屏上显示的数据，如图 2－8 所示。

图 2－8　直流电压的测量

（2）注意事项。

把旋钮选到比估计值大的量程挡（注意：直流挡是"V－"，交流挡是"V～"），接着把表笔接电源或电池两端，保持接触稳定。数值可以直接从显示屏上读取，若显示为"1"，则表明量程太小，那么就要加大量程后再测量。若在数值左边出现"－"，则表明表笔极性与实际电源极性相反，此时红表笔接的是负极。

3. 交流电压的测量

（1）测量步骤。

红表笔插入"V/Ω"孔，黑表笔插入"COM"孔，量程旋钮（也叫功能旋转开关或转盘）打到"V～"适当位置，读出显示屏上显示的数据，如图 2－9 所示。

图 2－9　交流电压的测量

（2）注意事项。

表笔插孔与直流电压的测量一样，不过应该将旋钮打到交流挡"V～"处所需的量程即可。交流电压无正负之分，测量方法跟前面相同。无论测交流还是直流电压，都要注意人身安全，不要随便用手触摸表笔的金属部分。

4. 直流电流的测量

（1）测量步骤。

断开电路，黑表笔插入"COM"端口，红表笔插入"mA"或者"20A"端口，功能旋转开关打至"A－"（直流），并选择合适的量程。断开被测线路，将数字万用表串联入被测线路中，被测线路中电流从一端流入红表笔，经万用表从黑表笔流出，再流入被测线路中接通电路,读出 LCD 显示屏上数字,如图 2 - 10 所示。

图 2 - 10　直流电流的测量

(2)注意事项。

估计电路中电流的大小。若测量大于 200 mA 的电流,则要将红表笔插入"10A"插孔并将旋钮打到直流"10A"挡;若测量小于 200 mA 的电流,则将红表笔插入"200 mA"插孔,将旋钮打到直流 200 mA 以内的合适量程。

将万用表串进电路中,保持稳定,即可读数。若显示为"1",那么就要加大量程;如果在数值左边出现"-",则表明电流从黑表笔流进万用表。其余与交流注意事项大致相同。

5. 交流电流的测量

(1)测量步骤。

断开电路,黑表笔插入"COM"端口,红表笔插入"mA"或者"20A"端口,功能旋转开关打至"A~"(交流),并选择合适的量程。断开被测线路,将数字万用表串联入被测线路中,被测线路中电流从一端流入红表笔,经万用表从黑表笔流出,再流入被测线路中接通电路,读出 LCD 显示屏上数字。

(2)注意事项。

测量方法与直流相同,不过挡位应该打到交流挡位,电流测量完毕后应将红表笔插回"V/Ω"孔。如果使用前不知道被测电流范围,将功能开关置于最大量程并逐渐下降,如果显示器只显示"1",表示过量程,功能开关应置于更高量程。表示最大输入电流为 200 mA,过量程的电流将烧坏保险丝,应再更换,20 A 量程无保险丝保护,测量时不能超过 15 s。

6.电容的测量

(1)测量步骤。

将电容两端短接,对电容进行放电,确保数字万用表的安全。将功能旋转开关打至电容"F"测量挡,并选择合适的量程。将电容插入万用表"CX"插孔。读出LCD 显示屏上数字,如图 2 – 11 所示。

图 2 – 11　电容的测量

(2)注意事项。

测量前电容需要放电,否则容易损坏万用表,测量后也要放电,避免埋下安全隐患,仪器本身已对电容挡设置了保护,故在电容测试过程中不用考虑极性及电容充放电等情况。测量电容时,将电容插入专用的电容测试座中(不要插入表笔插孔"COM""V/Ω")。测量大电容时稳定读数需要一定的时间。电容的单位换算$1\ \mu F = 10^6\ pF;1\ \mu F = 10^3\ nF$。

7.二极管的测量

(1)测量步骤。

红表笔插入"V/Ω"孔 黑表笔插入"COM"孔。转盘打在(——▷|——)挡,判断

正负,红表笔接二极管正极,黑表笔接二极管负极,读出 LCD 显示屏上数据,两表笔换位,若显示屏上为"1",正常;否则此管被击穿,如图 2-12 所示。

图 2-12   二极管的测量

（2）注意。

二极管正负好坏判断。红表笔插入"V/Ω"孔 黑表笔插入"COM"孔转盘打在(⟶▷⟶)挡,然后颠倒表笔再测一次。如果两次测量的结果一次显示"1"字样,另一次显示零点几的数字,那么此二极管就是一个正常的二极管;假如两次显示都相同的话,那么此二极管已经损坏。LCD 上显示的数字即二极管的正向压降,硅材料为 0.6 V 左右,锗材料为 0.2 V 左右。根据二极管的特性,可以判断此时红表笔接的是二极管的正极,黑表笔接的是二极管的负极。

8. 三极管的测量

（1）测量步骤。

红表笔插入"V/Ω"孔 黑表笔插入"COM"孔,转盘打在(⟶▷⟶)挡,找出三极管的基极 B,判断三极管的类型(PNP 或者 NPN),转盘打在 HFE 挡,根据类型插入"PNP"或"NPN"插孔测 β,读出显示屏中 β 值,如图 2-13 所示。

（2）注意事项。

E、B、C 管脚的判定,表笔插位同上,其原理同二极管。先假定 A 脚为基极,用黑表笔与该脚相接,红表笔与其他两脚分别接触;若两次读数均为 0.7 V 左右,然后再用红表笔接 A 脚,黑表笔接触其他两脚,若均显示"1",则 A 脚为基极,否则需要重新测量,且此管为 PNP 管。

图 2 - 13 三极管的测量

那么集电极和发射极如何判断呢？我们可以利用"HFE"挡来判断,先将挡位打到"HFE"挡,可以看到挡位旁有一排小插孔,分为 PNP 和 NPN 管的测量。前面已经判断出管型,将基极插入对应管型"B"孔,其余两脚分别插入"C""E"孔,此时可以读取数值,即 β 值;再固定基极,其余两脚对调；比较两次读数,读数较大的管脚位置与表面"C""E"相对应。

(二)数字万用表使用注意事项

如果无法预先估计被测电压或电流的大小,则应先拨至最高量程挡测量一次,再视情况逐渐把量程减小到合适位置。测量完毕,应将量程开关拨到最高电压挡,并关闭电源。

满量程时,仪表仅在最高位显示数字"1",其他位均消失,这时应选择更高的量程。

测量电压时,应将数字万用表与被测电路并联,测电流时应与被测电路串联,测直流量时不必考虑正、负极性。

当误用交流电压挡去测量直流电压,或者误用直流电压挡去测量交流电时,显示屏将显示"000",或低位上的数字出现跳动。

禁止在测量高电压(220 V 以上)或大电流(0.5 A 以上)时换量程,以防止产生电弧,烧毁开关触点。

当万用表的电池电量即将耗尽时,液晶显示器左上角有电池电量低提示。电量不足时,若仍进行测量,测量值会比实际值偏高。

二、相序表的使用方法

相序表可检测工业用电中出现的缺相、逆相、三相电压不平衡、过电压、欠电压五种故障现象,并及时将用电设备断开,起到保护作用。

相序表是一种专门测试电压相序的工具,通过它可以简单判断电压的相序,将相序表的黄、绿、红三个夹子加在表尾的1、2、3上,指针顺时针旋转为正相序,指针逆时针旋转则为逆相序;在三相三线的时候,如果存在$\sqrt{3}$的线电压,则所测到的相序与实际相序相反。具体操作如下。

1. 接线

将相序表三根表笔线 A(红,R)、B(蓝,S)、C(黑,T)分别对应接到被测源的 A(R)、B(S)、C(T)三根线上。

2. 测量

按下仪表左上角的测量按钮,灯亮,即开始测量。松开测量按钮时,停止测量。

3. 缺相指示

面板上的 A、B、C 三个红色发光二极管分别指示对应的三相来电。当被测源缺相时,对应的发光二极管不亮。

4. 相序指示

当被测源三相相序正确时,与正相序所对应的绿灯亮,当被测源三相相序错误时,与逆相序所对应的红灯亮,蜂鸣器发出报警声。

注意事项,当三相输入线有任意一条接电时,表内即带电。打开机壳前,请务必切断电源。

（1）直接由被测电源供电，无须电池。

（2）具有缺相指示功能，面板上的 A、B、C 三个红色发光二极管分别指示对应的三相来电。当被测源缺相时，对应的发光二极管不亮。

（3）采用声光做相序指示，当被测源三相相序正确时，与正相序所对应的绿灯亮；当被测源三相相序错误时，与逆相序所对应的红灯亮，并且蜂鸣器发出报警声。

（4）正相序表示 U_{A0}、U_{B0}、U_{C0}（或 U_{AB}、U_{BC}、U_{CA}）依次滞后 120°；逆相序表示 U_{A0}、U_{B0}、U_{C0}（或 U_{AB}、U_{BC}、U_{CA}）依次超前 120°。

（5）要使逆相序变为正相序，只要交换 A、B、C 三根线中任意两根线即可。

三、验电笔的使用方法

低压验电笔是电工常用的一种辅助安全用具。用于检查 500 V 以下导体或各种用电设备的外壳是否带电。

（1）判断用电设备的外壳是否带电。人站在地上，用验电笔去触及用电设备的外壳，氖管不应当发亮，如果发亮，则说明用电设备的外壳带电。

（2）判断交流电与直流电。口诀：电笔判断交、直流，交流明亮直流暗；交流氖管通身亮，直流氖管亮一端。使用验电笔之前，必须在已确认的带电体上检测；但在未确认验电笔正常之前，不得使用。判别交、直流电时，最好在"两电"之间做比较，这样就很明显。

（3）判断直流电正负极。口诀：电笔判断正负极，观察氖管要心细，前端明亮是负极，后端明亮是正极。测试时要注意，电源电压为 110 V 及以上，若人与大地绝缘，一只手触电源任一极，另一只手持电笔，验电笔金属头触及被测电源另一极，氖管的前端发亮，所测触的是电源负极；若氖管的后端发亮，所测触的是电源正极。

（4）判断直流电源正负极接地。口诀：电笔前端闪亮光，正极接地有故障；亮光靠近手握端，接地故障在负极。发电厂和变电所的直流系统，是对地绝缘的，人站在地上，用验电笔去触及正极或负极，氖管是不应当发亮的，如果发亮，则说明直流系统有接地现象。若发亮在靠近笔尖的一端，则是正极接地；若发亮点在靠近手握的一端，则是负极接地。

（5）判断同相与异相。口诀：判断两线相同异，两手各持验电笔一支，两脚与地相绝缘，两笔各触一根线，用眼观看一支笔，不亮同相亮为异。此项测试时，切记两脚与地必须绝缘。因为我国大部分是 380/220 V 供电,且变压器普遍采用中性点直接接地,所以做测试时,人体与大地之间一定要绝缘,避免构成回路造成误判断。测试时,两笔亮与不亮显示一样,故只看一支即可。

实际工作过程中可选用的测量设备较多,基本都能满足对各种装置的测量及相应的判断。如判断设备的回路通断与否,可以在电源投入的时候由万用表的电压挡位测量电压值,也可在电源断开的时候用万用表的电阻挡位测量电阻值,甚至可以在回路接通的状态下用验电笔测量设备是否带电来判断。但一般在工作过程中,通常会选用最简便的测量设备或者较完善的设备,可以节省设备投入和提升工作效率。最终选择最合适的设备进行测量参数,并通过测量参数进行分析及判断实际的接线情况。

课后习题

(1)打开计算机软件,如果主界面左下角会做出"通信状态:中断"的文字提示,一般的原因有哪些?

(2)低压排故培训练习时的常规操作步骤是什么?

(3)原理图中故障点的设置及清除是由鼠标操作完成的,方法有哪两种?

(4)数字万用表一般包含哪些功能?

(5)相序表可检测哪几种故障现象?

(6)低压验电笔一般用于检查哪项内容?

第三章　电业局资产部分故障的排查

　　电业局资产部分位于柜体的上面板,由三个电流表、一个电压表、一个电压指示切换开关和一组智能无功补偿装置共同组成,是模拟电业局的配电柜设计的。

　　电业局资产部分的整体原理接线图,如图 3－1 所示。

　　电业局资产部分包含了电压回路、电流回路及无功补偿回路三个部分,可设置的故障有 K_1、K_2、K_3、K_4、K_5、K_6、K_7、K_8、K_9、K_{10}、K_{42}、K_{60}、K_{61}、K_{68}、K_{87}。我们分别详细介绍一下各组成部分的正常运行和故障现象,并给出相应故障的排查方法。

　　注意:本章中所提到的故障测量及分析方法适用于单一故障,即除了装置当前所分析的特定故障外,其余接线正常,不同时存在其他故障。

第一节　电压回路

　　电压回路的原理接线图,如图 3－2 所示,图中附有电压指示切换开关真值表。

　　电压表 PV1 用来显示电压;电压指示切换开关 QC1 用来切换电压表指示线电压,以实现一个电压表可以监测三相电网的相间电压的目的(电压转换开关上的"A、B、C"分别对应"U、V、W")。

　　电压指示切换开关真值表中标出切换开关位于 0°时,所有端子不接通,电压表归零;切换开关位于 90°时,1、2 与 7、8 端子接通(表中用#表示接通),对照原理图发现电压表测量的是 U、V 两相之间的电压;切换开关位于 180°时,5、6 与 11、12 端子接通,电压表测量的是 V、W 两相之间的电压;切换开关位于 270°时,3、4 与 9、10 端子接通,电压表测量的是 W、U 两相之间的电压。

　　电压回路部分可设置的故障有 K_4、K_5、K_6、K_7、K_{60},其中 K_4、K_5 与 K_6 为同一类型故障——单相电压断线,K_7 与 K_{60} 为同一类型故障——三相电压断线。

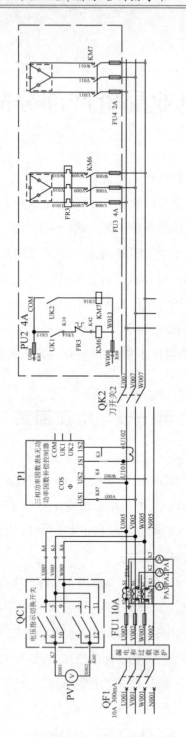

图 3 - 1　电业局资产部分的原理接线图

单相电压断线的现象是装置的其余回路都可以正常工作,但电压表显示与断线相相关的线电压均无示数。

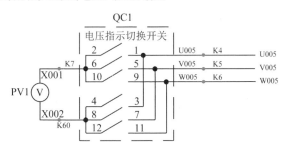

图 3-2　电压回路原理图

电压表单相电压断线通过正常运行时切换电压指示切换开关 QC1 即可判断出。同时,可通过测量电压指示切换开关 QC1 与电源相同编号端子的电压差进行印证,正常时相同编号的端子等电位,电压差为 0,故障时,存在电压值。以 K_4 为例,U 相断线,则 U_{UV} 与 U_{WU} 的示数均为 0,U_{VW} 的示数正常,为 380 V。此时测量电压指示切换开关 QC1 的 U005 与电源 U005 端子,其电压值不为 0。

三相电压断线的现象是其余回路正常工作,但无论电压指示切换开关 QC1 如何切换,电压表 PV1 始终无示数。

此类故障可通过现象初步判断。同时,通过测量电压表与电源的相同编号端子电压差进行核实。以 K_7 为例,电压表 PV1 示数始终为 0。此时测量电压表 PV1 的 X001 与电源 X001 端子,其电压值不为 0。如故障为 K_{60},则编号为 X002 的端子异常。

故障排除方法:插拔线接通编号相同且存在电压值的端子即可,具体详见附表。

第二节　电流回路

电流回路的原理接线图,如图 3-3 所示。

图中 QF1 为空气开关,FU1 为熔断器,电流表 PA1、PA2、PA3 分别用来显示正常运行时 U、V、W 相的电流值。由于电流的各相回路中均装有电流互感器,故电流回路部分可设置的故障 K_1、K_2、K_3 分别模拟了各自回路中的电流互感器二次端断线。

电流互感器二次端断线的现象是启动电动机,电动机回路正常工作,但三个电流表示数却差别很大,常见情况是某个电流表无示数。

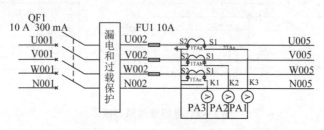

图 3 - 3　电流回路原理图

由于电流表编号与回路的相别——对应,故根据原理图即可判断出具体是哪相电流互感器二次端断线。也可通过测量电流互感器二次 S1 端子与电流表对应的 S1 端子的电压差进行印证,正常时,相同编号的端子的电压差为 0;故障时,存在电压值。

故障排除方法:将电流互感器的短路环去除,插拔线接通电流互感器和对应电流表的 S1 端子即可,具体详见附表。

注意:电流回路故障的排查必须建立在有大负荷工作的前提下,如果负载电流过小,不易从电流表中判断出电流回路故障的相别。由于电动机工作时负载电流较大,一般我们启动电动机正反转回路工作来辅助判断电流回路故障。

第三节　无功补偿回路

无功补偿回路的原理接线图如图 3 - 4 所示。

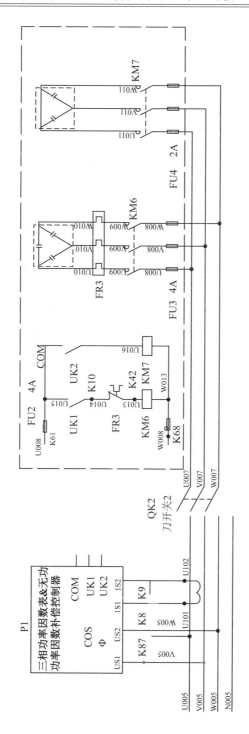

图 3 - 4　无功补偿回路原理图

设备最上层的功率因数表是用来显示用户电网的负载平均功率因数的。实际用户在电动机回路工作时,功率因数会出现滞后的偏离,这时通常用三相电力电容进行补偿,来提高功率因数,这就是无功补偿。

本装置中无功补偿回路的主要作用是检测回路的平均功率因数,通过自动投切装置右侧电容柜中的电容组来补偿用户负载电网中的无功部分,使用户的功率因数总是可以控制在 0.9～1 的范围内。

从原理图可发现,无功补偿回路部分实际被分为两部分,图中左侧为三相功率因数表及无功功率因数补偿控制器部分,右侧为无功补偿控制部分。由于无功补偿的前提是电动机回路工作,所以这里在讲解无功补偿回路时,加入了一部分电动机正反转回路的分析。

首先分析三相功率因数表及无功功率因数补偿控制器部分,在这部分中,设备可设置的故障有 K_8、K_9、K_{87}。这三个故障的类型并不相同,但是各自的特点非常明显且不易混淆,实训人员一般通过故障现象即可初步判断出,后期仅需稍作验证。

故障 K_8 的现象是电动机单独启动后,没有听到补偿电容投入的声音,即补偿控制器没有投入补偿电容,而超前指示灯一直亮。

通过原理图可知,这个故障产生的原因是电压取样信号部分出现问题。电压取样信号连接于 US1 与 US2 两个端子,由于超前指示灯亮,可以排除断线故障,所以判断故障存于 US2 端子。US2 端子原本应该连接到 W 相电压,却接错到了 U 相电压。由于故障特征明显,不易混淆,所以此故障通过现象可准确判断。也可以通过分别测量 US2 与电压端子 U005、W005 的电压差进行核实。正常情况下,US2 与电压端子 W005 的电压差为 0,而故障后,US2 与电压端子 U005 的电压差为 0。

故障排除方法:拔掉 US2 的短路环红色插线,插拔线接通 US2 与本排 W005 插线孔。

故障 K_9 的现象是电动机单独启动后,控制器一直显示"L0—"欠电流。

通过原理图可知,这个故障产生的原因是电流采样部分出现问题。电流采样互感器连接于 IS1 与 IS2 两个端子,由于显示"L0—"欠电流,可判断电流采样互感器与控制器断开。故障通过现象也可准确判断。可以通过分别测量 IS1 与电压端子 U101、IS2 与电压端子 U102 的电压差进行核实。正常情况下,电压差均为 0;故障时,存在电压值。

故障排除方法:插拔线接通上述电压差不为 0 的电流采样互感器 1S1 与 U101 端子。

故障 K_{87} 的现象是电压补偿控制器无电压。

通过原理图可知,故障产生的原因是电压取样信号部分出现问题。电压取样信号连接于 US1 与 US2 两个端子,由于电压补偿控制器无电压,所以判断电压补偿控制器电压采样信号断线。故障通过现象可准确判断。可以通过分别测量 US1 与电压端子 V005、US2 与电压端子 W005 的电压差进行核实。正常情况下,电压差均为 0;故障时,存在电压值。

故障排除方法:插拔线接通 P1 的 US1 与电压端子 V005。

接着分析无功补偿控制部分,在这部分中,设备可设置的故障有 K_{10}、K_{42}、K_{61}、K_{68}。

从原理图 3 - 4 右侧可看出,设备可设置的这四个故障集中在一个回路里。该回路的组成为 U008 → FU2 → U015 → UK1 → U014 → FR3 → U013 → KM6 → W013 → FU2 → W008。在触点 UK1 得到信号闭合以后,这个回路应当是通路。K_{10}、K_{42}、K_{61}、K_{68} 四个点,任何一处出现故障,均会造成回路断开,所以任意一点出现故障,现象是相同的。电动机单独运行后,功率因数补偿控制器投入第一组电容器,没有听到交流接触器吸合的声音(KM6 并未吸合),功率因数没有得到改善。

通过以上现象,可以初步判断出故障出现在无功补偿控制部分,具体的位置则需要查看原理图。通过原理图可知,故障产生的位置有四个,FU2 的 U、W 两相及 FR3 的两侧。排查的方法为测量相关位置电压值。

分别测量 FU2 的 U008 与 FU3 的 U008(排查故障 K_{61})、FU2 的 W008 与 FU3 的 W008(排查故障 K_{68})、FR3 的 U013 与 KM6 的 U013(排查故障 K_{42})、FR3 的 U014 与 P1 的 UK1(排查故障 K_{10})的电压差进行核实。正常情况下,电压差均为 0;故障时,存在电压值。

故障排除方法:插拔线接通上述编号相同且存在电压值的端子即可,具体详见附表。

注意:故障涉及 FR3 时,考虑故障排除后,FR3 需要进行复位操作才可以进行复查。

课后习题

(1)电业局资产部分由哪些部分共同组成?

(2)电业局资产部分包含了哪几个回路?

(3)通过图 3-2 的分析,如果电压回路中出现电压表无论如何切换,示数均为零,可能出现的故障有哪些?

(4)在排查电流回路故障时,如果三个电流表的示数都非常小,接近于 0,是否可以做出三相电路回路均故障的判断?

(5)本装置的无功补偿回路实际被分为了哪几部分?

(6)无功补偿控制部分可设置的故障一共有几种? 如何判断区别?

(7)除了电压差的方法外,是否还有其他测量方法可以判断故障点位置?

第四章　单相照明回路故障的排查

单相照明回路位于装置的中下部分,包含了日光灯、节能灯、单联单控开关、单联双控开关和插座等元器件。图4－1所示为单相照明回路的整体原理接线图。

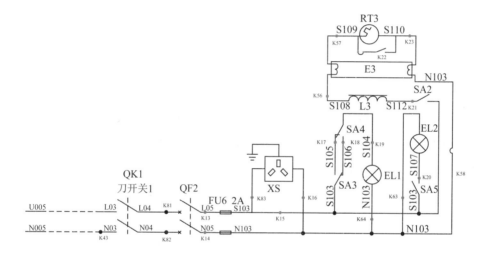

图4－1　单相照明回路的原理接线图

单相照明回路包含了插座回路、双控开关回路、节能灯回路及日光灯回路四个部分,可设置的故障有 K_{13}、K_{14}、K_{15}、K_{16}、K_{17}、K_{18}、K_{19}、K_{20}、K_{21}、K_{22}、K_{23}、K_{43}、K_{56}、K_{57}、K_{58}、K_{63}、K_{64}、K_{81}、K_{82}、K_{83}。我们分别详细介绍一下各组成部分的正常运行和故障现象,并给出相应故障的排查方法。

注意:本章中所提到的故障测量及分析方法适用于单一故障,即除了装置当前所分析的特定故障外,其余接线正常,不同时存在其他故障。

第一节　插座回路

插座回路的原理接线图如图 4 - 2 所示。

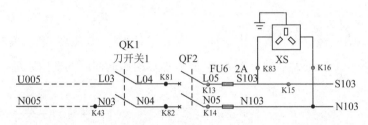

图 4 - 2　插座回路原理图

图中 XS 为三相插座,QK1 为刀开关,QF2 为空气开关,FU6 为熔断器。由于插座回路比较简单,且在原理图中距离总回路电源也较近,我们把整个照明回路中总回路可设置的故障在此一并分析。

从原理图 4 - 2 可看出,插座回路部分的设备可设置的故障基本集中在一个回路里。该回路的组成为 U005 → L03 → QK1 → L04 → QF2 → L05 → FU6 → S103 → XS(S103) → N103 → FU6 → N05 → QF2 → N04 → QK1 → N03 → N005。

工作时,QK1 与 QF2 均闭合,这个回路应当是通路,插座 XS 有电,后面连接 S103 与 N103 的各照明回路均正常。

插座回路部分可设置的故障有 K_{13}、K_{14}、K_{15}、K_{16}、K_{43}、K_{81}、K_{82}、K_{83}。这八个故障可以分成两类:一类为插座回路故障,包含 K_{16} 和 K_{83};一类为总回路故障,包含 K_{13}、K_{14}、K_{15}、K_{43}、K_{81}、K_{82}。

首先分析插座回路。这部分的两个故障的特点非常明显且不易混淆,实训人员通过故障现象即可初步判断出,后期仅需稍作验证。

故障 K_{16} 的现象是电源插座无电压(精密仪器测量也可出现电源插座上有不确定的悬浮电压),但其余电路正常。

通过原理图可知,其余电路正常,可以排除总回路故障,所以判断故障存在于插座 XS 两端。XS 两端一端连于火线(S103),一端连于零线(N103)。如测出电源

48

插座上有不确定的悬浮电压,即可排除火线断线的故障,可推断出故障是由于电源零线到插座的零线断开造成。也可以通过测量 XS 与 FU6 的 S103 端子及 XS 与 FU6 的 N103 端子的电压差进行核实。正常情况下,相同编号端子的电压差为 0,而故障后,存在电压差。

故障排除方法:插拔线接通 XS 的 N103 与 FU6 的 N103。

故障 K_{83} 的现象是电源插座无电,但其余电路正常。

与 K_{16} 同样原理排查,由于电源插座无电,所以推断为插座回路火线断线故障。可以通过测量 XS 与 FU6 的 S103 端子的电压差进行核实。正常情况下,电压差为 0,而故障后,存在电压差。

故障排除方法:插拔线接通 XS 的 S103 与 FU6 的 S103。

接着分析总回路。这部分中,设备可设置的故障有 K_{13}、K_{14}、K_{15}、K_{43}、K_{81}、K_{82}。正常工作时,照明回路应当是通路。此时,任一点断开,都将形成照明回路的开路,造成照明回路中设备异常。

以上六个故障中,故障 K_{15} 的现象特殊,照明回路的灯均不能亮,但电源插座正常。这个故障的特点非常明显,实训人员通过故障现象即可初步判断出,后期仅需测量插座 XS 后侧设备元件的 S103 与 N103 端子电压差验证。

故障排除方法:插拔线接通 FU6 与后侧元件相同编号的 S103 端子,具体详见附表。

其余五个故障的现象一致,节能灯、日光灯、白炽灯均不能亮,电源插座无正常输出。

这时判断故障具体的位置就需要测量相关位置电压值了。通过原理图可知,故障产生的位置分别为刀开关 QK1 及空气开关 QF2 的两侧。

分别测量 QK1 的 N03 与电源的 N005(排查故障 K_{43})、QK1 的 L04 与 QF2 的 L04(排查故障 K_{81})、QK1 的 N04 与 QF2 的 N04(排查故障 K_{82})、QF2 的 L05 与 FU6 的 L05(排查故障 K_{13})、QF2 的 N05 与 FU6 的 N05(排查故障 K_{14})的电压差进行核实。正常情况下,电压差均为 0;故障时,存在电压值。

故障排除方法:插拔线接通上述编号相同且存在电压值的端子即可,具体详见附表。

第二节　双控开关回路

双控开关回路的原理接线图如图4-3所示。

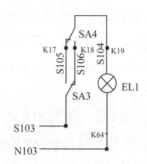

图4-3　双控开关回路原理图

图中SA3、SA4为两个双控开关,控制灯泡EL1的明灭,双控开关的优点是无论SA3还是SA4哪个开关的状态发生转换,灯泡EL1的状态都会改变。这种接线方式最常见的应用是居家卧室的照明灯,可以把两个开关安装在门口和床侧,更适于日常使用。

双控开关回路部分可设置的故障有K_{17}、K_{18}、K_{19}、K_{64}四个。这些故障可以分成两类:一类为开关故障,包含K_{17}和K_{18};一类为灯泡故障,包含K_{19}、K_{64}。

开关故障K_{17}和K_{18}的现象一致,只有双控开关SA3或SA4其中一个开关处于闭合状态,另一个开关才可以自由控制灯泡EL1的明灭,其余电路正常。该类故障特征明显,通过特征即可初步判断出,然后通过分别测量双控开关SA3与SA4的端子S105(排查故障K_{17})、SA3与SA4的端子S106(排查故障K_{18})的电压差即可准确锁定故障点位置。正常情况下,相同编号端子电压差为0;故障时,存在电压值。

故障排除方法:插拔线接通上述编号相同且存在电压值的端子即可,具体详见附表。

灯泡故障K_{19}和K_{64}的现象一致,无论双控开关SA3或SA4怎样转换状态,灯泡EL1都不亮,但其余电路正常。由于其余电路正常,可初步判断故障位置出现在灯泡 EL1 附近的电路里。通过分别测量 EL1 与 SA4 的端子 S104(排查故障 K_{19})、EL1 与双控回路前端元件的端子 N103(排查故障 K_{64})的电压差即可准确锁定故障点位置。正常情况下,相同编号端子电压差为 0;故障时,存在电压值。

故障排除方法:插拔线接通上述编号相同且存在电压值的端子即可,具体详见附表。

注意:在排查开关故障时,由于不能判断出开关何种状态为闭合位置,需要多试几次,不能轻易确定。

第三节 节能灯回路

节能灯回路的原理接线图如图 4-4 所示。

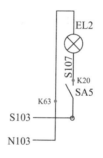

图 4-4 节能灯回路原理图

图中 SA5 为开关,控制灯泡 EL2 的明灭。由原理图可看出,节能灯回路部分可设置的故障非常少,仅有 K_{20} 与 K_{63} 两个。这两个故障的现象一致,无论开关 SA5 如何转换状态,灯泡 EL2 就是不亮,但其余电路正常。

由于其余电路正常,可初步判断故障位置出现在灯泡 EL2 附近的电路里。通过分别测量 EL2 与 SA5 的端子 S107(排查故障 K_{20})、EL2 与节能灯回路前端元件的端子 N103(排查故障 K_{63})的电压差即可准确锁定故障点位置。正常情况下,相同编号端子电压差为 0;故障时,存在电压值。

故障排除方法:插拔线接通上述编号相同且存在电压值的端子即可,具体详见附表。

节能灯回路的故障与上一节双控开关回路中灯泡故障的现象、排查方法完全一致,这里就不做赘述了。

第四节　日光灯回路

节能灯回路的原理接线图如图 4 - 5 所示。

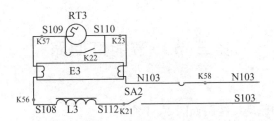

图 4 - 5　日光灯回路原理图

图中 RT3 为启辉器,E3 为日光灯管,L3 为镇流器,SA2 为开关。

节能灯回路部分可设置的故障有 K_{21}、K_{22}、K_{23}、K_{56}、K_{57}、K_{58}。这六个故障的现象一致,日光灯不能启动,但其余电路正常。

由于故障现象相同,判断故障具体的位置就需要测量相关位置电压值了。通过原理图可知,故障产生的位置较多,故这里推荐先确定回路中一点,然后逐步排查的方法。

确定一点 S103,沿着回路,逐步推进测量,分别测量 SA2 的 S112 与 L3 的 S112(排查故障 K_{21})、L3 的 S108 与 E3 的 S108(排查故障 K_{56})、E3 的 S109 与 RT3 的 S109(排查故障 K_{57})、RT3 的 S110 与 E3 的 S110(排查故障 K_{23})、E3 的 N103 与下端元件的 N103(排查故障 K_{58})、RT3 的 S109 与 S110(排查故障 K_{22})的电压差。

注意:根据故障类型,测量的电压差结果分成了以下两种情况:

①短路情况(如故障 K_{22}),正常情况下存在电压值,故障时电压差为 0;

②断线情况(除 K_{22} 以外的故障),正常情况下电压差为 0;故障时存在电压值。

这两种情况存在于整个低压排故装置中,以断线情况居多,但也存在不少短路情况。

故障排除方法:①短路情况(故障 K_{22}),拔掉 RT3 上面的短路环;②断线情况,插拔线接通上述测量时编号相同且存在电压值的端子即可,具体详见附表。

课后习题

(1)单相照明回路包含了哪些元器件?

(2)如果插座部分发生断线故障,除用电压表测量电压值以外,是否还有其他方法进行判别?

(3)如果故障现象相同,应如何判断故障具体的位置?

(4)双控开关回路中,如一个控制开关故障,是否影响照明装置的正常照明使用?

(5)低压排故装置中,故障类型可以分成哪几种? 分别如何排除?

第五章　计量回路故障的排查

用户计量部分位于柜体的中上部,包含了一块直接接入式的单相电子式电能表和一块经互感器接入式的三相四线有功电能表。

计量回路的整体原理接线图如图 5-1 所示。

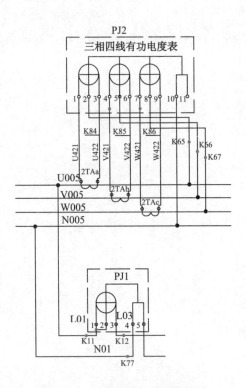

图 5-1　计量回路的原理接线图

计量回路包含了单相计量回路和三相计量回路两部分,可设置的故障有 K_{11}、K_{12}、K_{65}、K_{66}、K_{67}、K_{77}、K_{84}、K_{85}、K_{86}。我们分别详细介绍一下各组成部分的正常运行和故障现象,并给出相应故障的排查方法。

注意:本章中所提到的故障测量及分析方法适用于单一故障,即除了装置当前所分析的特定故障外,其余接线正常,不同时存在其他故障。

第一节　单相计量回路

单相计量回路的原理接线图如图 5 - 2 所示。

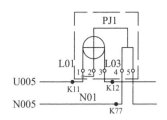

图 5 - 2　单相计量回路原理图

图中虚线部分的 PJ1 为单相电子式电能表。由原理图可看出,PJ1 的接线方式为直接接入式。单相计量回路部分可设置的故障有 K_{11}、K_{12} 和 K_{77}。这三个故障的现象一致,单相电能表后侧的所有照明回路均无电压,且单相电能表不转。

这时判断故障具体的位置就需要测量相关位置电压值了。通过原理图可知,故障产生的位置分别为电能表电源及负载侧的零线与火线上。

分别测量 PJ1 的 L01 与电源的 U005(排查故障 K_{11})、PJ1 的 L03 与后侧元件的 L03(排查故障 K_{12})、PJ1 的 N01 与电源的 N005(排查故障 K_{77})的电压差进行核实。正常情况下,电压差均为 0;故障时,存在电压值。

故障排除方法:插拔线接通上述编号相同且存在电压值的端子即可,具体详见附表。

注意:本装置中单相电能表测量的是照明回路消耗的电能,故复查单相计量回路的故障是否已经被排除时,应启动照明回路的负载,且负载越大,现象越明显。

第二节　三相计量回路

三相计量回路的原理接线图如图 5 - 3 所示。

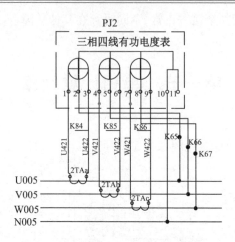

图 5-3　三相计量回路原理图

　　图中虚线部分的 PJ2 为三相四线有功电能表。由原理图可看出,PJ2 的接线方式为经电流互感器接入式。三相计量回路部分可设置的故障有 K_{65}、K_{66}、K_{67}、K_{84}、K_{85}、K_{86}。这六个故障可以分成两类:一类为计量电压回路故障,包含 K_{65}、K_{66} 和 K_{67};一类为计量电流回路故障,包含 K_{84}、K_{85} 和 K_{86}。

　　首先分析计量电压回路。K_{65}、K_{66} 和 K_{67} 故障的现象为三相四线有功电能表 PJ2 视窗内分别代表 A、B 和 C 相电压的三个红色指示灯熄灭,其余回路正常工作。这三个故障特点非常明显且不易混淆,实训人员通过故障现象即可初步判断出,后期仅需稍作验证。

　　分别测量电能表 PJ2 的 U005 与前侧元件的 U005 端子(排查故障 K_{65})、电能表 PJ2 的 V005 与前侧元件的 V005 端子(排查故障 K_{66})、电能表 PJ2 的 W005 与前侧元件的 W005 端子(排查故障 K_{67})的电压差进行核实。正常情况下,相同编号端子的电压差为 0;故障后,存在电压差。

　　故障排除方法:插拔线接通上述编号相同且存在电压值的端子即可,具体详见附表。

　　接着分析计量电流回路。这部分可设置的故障 K_{84}、K_{85} 和 K_{86} 现象一致,三相四线电表走字变慢,其余回路正常工作。

　　其余回路正常工作且通过观察电能表 PJ2 视窗内分别代表电压的三个红色指示灯正常,即可做出故障出现在计量电流回路中的判断,这里故障模拟了电能表中各相电流互感器二次端断线的情况。

可通过测量电能表的电流互感器二次 S1 端子与电能表 PJ2 对应相的电流端子的电压差进行印证。正常时,两个端子等电位,电压差为 0;故障时,存在电压值。

故障排除方法:将电能表的电流互感器故障相短路环去除,插拔线接通电流互感器和电能表对应相的电流端子即可,具体详见附表。

注意:计量电流回路故障的排查与电流回路一样,也应建立在有较大负荷工作的前提下,如果负载电流过小,三相电流差别不大,则不易判断出是否存在故障。一般也启动电动机正反转回路来辅助判断计量电流回路故障。

课后习题

(1)用户计量部分包含了哪些元器件?

(2)计量回路包含了哪几部分?

(3)如果单相计量回路可设置的三个故障现象相同,应如何进行分辨?

(4)三相计量回路中的电压回路故障,可否通过观察电能表内的电压指示灯来直接判定故障位置?

(5)只启动照明回路,可否用来辅助判断三相计量回路中电流回路故障?

第六章　电动机回路故障的排查

电动机控制部分位于柜体的中下部,包含了启动、停止按钮,正转、反转、停止按钮,交流接触器,热过载继电器,时间继电器,正反转运行指示灯以及 Y－△运行指示灯。

电动机回路的整体原理接线图如图 6－1 所示。

为了便于分析,我们把电动机回路分成了电动机 Y－△启动控制回路、电动机 Y－△启动主回路、电动机正反转控制回路和电动机正反转主回路这四部分。

电动机回路可设置的故障数量众多,故障现象也多种多样,且有些故障的特征还极其相似,我们将在本章详细讲解各组成部分的正常运行和故障现象,并给出相应故障的排查方法。

注意:本章中所提到的故障测量及分析方法适用于单一故障,即除了装置当前所分析的特定故障外,其余接线正常,不同时存在其他故障。

第一节　电动机 Y－△启动控制回路

电动机 Y－△启动控制回路的原理接线图如图 6－2 所示。

图中 FU7 为熔断器,FR1 为热继电器,SB1 为启动按钮,SB2 为停止按钮,KM1～KM3 为交流接触器,HL1 为 Y 运行指示灯,HL2 为△运行指示灯,KT1 为时间继电器。

注意:图中左下角 FS1 为综合保险,位于装置内部,在电动机非正常运行(如缺相)时启动,切断回路,保护装置不受损伤。

由于电动机的各回路均十分复杂,所以介绍故障之前,我们先来详细分析一下正常运行时的电动机 Y－△启动控制回路的原理。

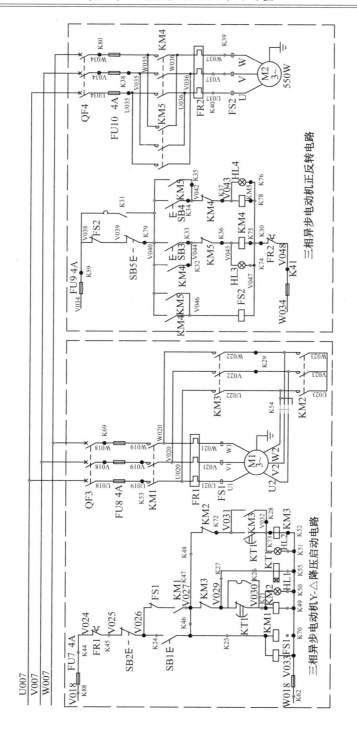

图 6 - 1　电动机回路的原理接线图

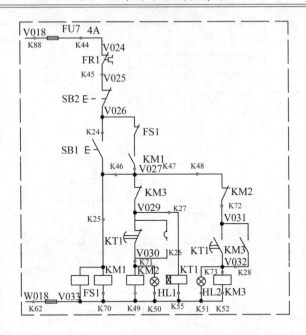

图 6 - 2　电动机 Y - △ 启动控制回路原理图

为了便于分析,我们把原理图 6 - 2 分为左、中、右三部分,左侧为启动回路,中间为 Y 运行回路,右侧为△运行回路。

启动回路的组成为 V018(起点)→ FU7(V 相)→ FR1(闭合)→ SB2(闭合)→ SB1(断点)→ KM1(FS1,正常运行时无影响)→ FU7(W 相)→ W018(终点)。

启动回路接于电源 V、W 相,正常电压 380 V,整个回路只有启动按钮 SB1 一个断点,当 SB1 按下时,整个回路接通,交流接触器 KM1 线圈励磁。

Y 运行回路的组成为 V026(起点)→ FS1(闭合)→ KM1(常开触点)→ KM3(常闭触点)→ KT1(常闭触点)→ KM2(Y 运行指示灯 HL1)→ V033(终点)。

KT1(励磁后需达到设置时间,触点才会动作)

Y 运行回路与 SB1、KM1 并联接入回路中,此回路只有 KM1 这个常开触点一个断点,当启动回路的交流接触器 KM1 线圈励磁后,KM1 这个常开触点立即闭合,回路接通,交流接触器 KM2 线圈励磁,时间继电器 KT1 线圈励磁,Y 运行指示灯 HL1 亮。

△运行回路的组成为 V027(起点)→ KM2(常闭触点)→ $\begin{cases} \text{KT1(常开触点)} \\ \text{KM3(常开触点)} \end{cases}$ →

KM3(△运行指示灯 HL2) → V033(终点)。

　　△运行回路与 KM1 并联接入回路中,此回路有 KM3 和 KT1 并联常开触点两个断点。虽然 KM2 也是常闭触点,但 Y 运行时,KM2 线圈处于励磁状态,故 Y 运行时,KM2 这个常闭触点也暂时处于断开状态,形成了该回路的第三个断点。当 Y 运行回路的时间继电器 KT1 线圈励磁并达到设置时间后,KT1 这个常开触点立即闭合,同时 Y 运行回路的 KT1 常闭触点延时断开,Y 运行回路断路,KM2 线圈失磁,△运行回路中 KM2 闭合,△运行回路接通,交流接触器 KM3 线圈励磁,Y 运行指示灯 HL1 亮,同时 KM3 常开触点立即闭合,形成自保持,即使 KT1 常开触点再次断开,回路仍然接通。

　　注意:△运行回路中的交流接触器 KM3 线圈励磁后,Y 运行回路中的 KM3 常闭触点立即断开,KT1 线圈失磁,即使 KT1 常闭触点再次闭合,Y 运行回路也在 KM3 处形成断点,Y 运行回路中断。KM2 与 KM3 的常闭触点互相串接在对方的励磁线圈中,作用是在电动机运行时互锁,保证电动机运行时不能同时存在 Y 和△两种运行状态。

　　启动回路部分可设置的故障有 K_{88}、K_{44}、K_{45}、K_{24}、K_{25}、K_{70}、K_{62}。这些故障就是在启动回路任一点制造断点,都会造成回路断开,电动机无法启动的后果。但是它们之间由于位置不同,故障现象会有细微的差别,这些差别有助于我们缩小排查范围。这七个故障可以分为两类:一类为主回路故障,包含 K_{88}、K_{44}、K_{45}、K_{24}、K_{62};一类为分支回路故障,包含 K_{25}、K_{70}。

　　主回路故障现象为电动机 M1 不启动,所有交流接触器均不吸合。通过原理图可知,故障产生的位置有四个,FU7 的 V、W 相及 SB2 的两侧。排查的方法为测量相关位置电压值。分别测量 FU7 的 V018 与就近元件 V018(排查故障 K_{88})、FU7 的 V024 与 FR1 的 V024(排查故障 K_{44})、FR1 的 V025 与 SB2 的 V025(排查故障 K_{45})、SB2 的 V026 与 SB1 的 V026(排查故障 K_{24})、FU7 的 W018 与就近元件 W018(排查故障 K_{62})的电压差进行核实。正常情况下,电压差均为 0;故障时,存在电压值。

　　故障排除方法:插拔线接通上述编号相同且存在电压值的端子即可,具体详见附表。

　　分支回路故障现象为电动机 M1 不启动,但按下启动按钮 SB1 时,交流接触器

KM2吸合,如果不松开SB1,达到设定时间,电动机M1会正常由Y到△启动,但是一旦松开SB1,M1马上停止运行。通过原理图可知,这是由于SB1与KM3之间的连接线形成的,相当于跨越了交流接触器KM1。能产生这种故障的位置有两个,交流接触器KM1线圈两侧。排查的方法为测量相关位置电压值。分别测量KM1的V027与KM3的V027(排查故障K_{25})、KM1的W018与FU7的W018(排查故障K_{70})的电压差进行核实。正常情况下电压差为0;故障时存在电压值。

故障排除方法:插拔线接通上述编号相同且存在电压值的端子即可,具体详见附表。

Y运行回路可设置的故障有K_{46}、K_{47}、K_{27}、K_{26}、K_{71}、K_{49}、K_{50}、K_{55}。这些故障也是在回路制造断点,但是由于启动回路无故障,本回路与启动回路还有其他连接,又因故障位置不同,会导致故障现象有更大差别。这八个故障按现象不同,可以分为五类:①K_{46}、K_{47};②K_{71}、K_{49};③K_{27}、K_{55};④K_{26};⑤K_{50}。

①K_{46}、K_{47}:电动机M1不能启动,KM1、KM2可以吸合但不能自锁保持。

通过原理图可知,故障应位于有自保持作用的辅助触点KM1附近。排查的方法为测量相关位置电压值。分别测量SB1的V027与KM3的V027(排查故障K_{46})、KM3的V027与KM1的V027(排查故障K_{47})的电压差进行核实。正常情况下,电压差均为0;故障时,存在电压值。

故障排除方法:插拔线接通上述编号相同且存在电压值的端子即可,具体详见附表。

②K_{71}、K_{49}:电动机M1不能启动,按启动按钮时KM1可以吸合,KM2不能吸合。这两个故障的细微差别是K_{49}不影响Y运行指示灯HL1亮。排查的方法如下,分别测量KM2的V030与KT1的V030(排查故障K_{71})、FU7的V033与KM2的V033(排查故障K_{49})的电压差进行核实。正常情况下,电压差均为0;故障时,存在电压值。

故障排除方法:插拔线接通上述编号相同且存在电压值的端子即可,具体详见附表。

③K_{27}、K_{55}:电动机M1按Y形启动后,不能变为△形,时间继电器的灯一直不亮。

通过原理图可知,故障应位于时间继电器KT1附近。排查的方法为测量相关位置电压值。分别测量 KT1 线圈的 V029 与 KM3 的 V029（排查故障 K_{27}）、KT1 的 V033 与 KM2 的 V033（排查故障 K_{55}）的电压差进行核实。正常情况下,电压差均为 0;故障时,存在电压值。

故障排除方法:插拔线接通上述编号相同且存在电压值的端子即可,具体详见附表。

④K_{26}:电动机 M1 按 Y 形启动后,不能变为△形,时间继电器的灯延时后一直亮。

时间继电器 KT1 的灯延时后一直亮,由于这个故障特点非常明显且不易混淆,实训人员通过故障现象即可初步判断出 KT1 辅助常闭触点被短接。测量 KM3 的 V029 与 KM2 的 V030 的电压差进行核实。正常情况下,存在电压值;故障时,电压差为 0。

故障排除方法:拔掉 KT1 上面的短路环。

⑤K_{50}:Y 运行指示灯 HL1 不亮,但电动机 M1 可以正常工作。

通过原理图可知,推断故障为 Y 运行指示灯断线。排查的方法为测量相关位置电压值,测量 FU7 的 V033 与 HL1 的 V033 的电压差。正常情况下,电压差为 0;故障时,存在电压值。

故障排除方法:插拔线接通 FU7 的 V033 与 HL1 的 V033。

△运行回路可设置的故障有 K_{48}、K_{72}、K_{28}、K_{73}、K_{51}、K_{52}。

这些故障同样在回路制造断点,但是由于启动回路与 Y 运行回路无故障,本回路的故障现象更多地倾向于电动机正常启动 Y 运行后转△运行时突然异常。这六个故障按现象不同,可以分为四类:①K_{73}、K_{52};②K_{48}、K_{72};③K_{28};④K_{51}。

①K_{73}、K_{52}:KM1 可以吸合,KM3 不能吸合,电动机 M1 由 Y 形转换为△运行后停止转动(电动机保护器动作),同时△运行指示灯 HL2 闪亮一次。

通过原理图可知,转换△运行后停止,故障应位于△运行的主回路,又因△运行指示灯 HL2 闪亮一次,则推断故障应位于与 HL2 并联的部分。分别测量 KM3 的 V032 与 KT1 的 V032（排查故障 K_{73}）、FU7 的 V033 与 KM3 的 V033（排查故障 K_{52}）的电压差进行核实。正常情况下,电压差均为 0;故障时,存在电压值。

故障排除方法:插拔线接通上述编号相同且存在电压值的端子即可,具体详见附表。

②K_{48}、K_{72}：KM1 可以吸合，KM3 不能吸合，电动机 M1 由 Y 形转换为 △ 运行后停止转动（电动机保护器动作）。

通过原理图可知，转换 △ 运行后停止，故障应位于 △ 运行的主回路，又因 △ 运行指示灯 HL2 未闪亮，故障应排除与 HL2 并联的部分，则推断故障位于常闭触点 KM2 附近。分别测量 KM2 的 V027 与 KM1 的 V027（排查故障 K_{48}）、KM2 的 V031 与 KT1 的 V031（排查故障 K_{72}）的电压差进行核实。正常情况下，电压差均为 0；故障时，存在电压值。

故障排除方法：插拔线接通上述编号相同且存在电压值的端子即可，具体详见附表。

③K_{28}：电动机 M1 由 Y 形转为 △ 运行时突然噼啪响，切换 △ 未成功，仍为 Y 运行。

设备突然噼啪响的故障特点非常明显且不易混淆，实训人员通过故障现象即可初步判断出 △ 运行有自保持作用的常开触点 KM3 断线。测量 KM3 的 V032（辅助触点）与 KT1 的 V032 的电压差进行核实。正常情况下，电压差为 0；故障时，存在电压值。

故障排除方法：插拔线接通 KM3 的 V032（辅助触点）与 KT1 的 V032。

④K_{51}：△ 运行指示灯 HL2 不亮，但电动机 M1 可以正常工作。

通过原理图可知，推断故障为 △ 运行指示灯断线。排查的方法为测量相关位置电压值，测量 FU7 的 V033 与 HL2 的 V033 的电压差。正常情况下，电压差为 0；故障时，存在电压值。

故障排除方法：插拔线接通 FU7 的 V033 与 HL2 的 V033。

注意：排查故障 K_{28} 的时候，涉及测量 KM3 辅助触点的 V032。由于 KM3 的线圈与其常开的辅助触点均存在 V032 触点，在测量时应留意加以辨别，如果误测为 KM3 线圈的 V032，则排查故障 K_{28} 就会变成了误排故障 K_{73}。

第二节　电动机 Y - △ 启动主回路

电动机 Y - △ 启动主回路的原理接线图如图 6 - 3 所示。

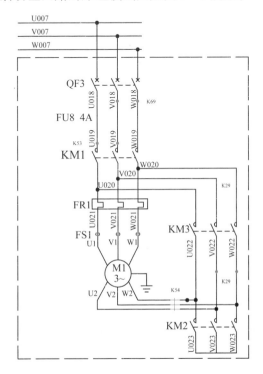

图 6 - 3　电动机 Y - △ 启动主回路原理图

图中 QF3 为空气开关,FU8 为熔断器,KM1 ~ KM3 为交流接触器的辅助触点,FR1 为热继电器,M1 为电动机,FS1 为综合保险,位于装置内部,在电动机非正常运行(如缺相)时启动,切断回路,保护装置不受损伤。

电动机 Y - △ 启动主回路的组成为电源三相 007(起点) → QF3(断点) → FU8(三相) → KM1(常开触点) → FR1(FS1,正常运行时无影响) → M1(终点)

$\begin{cases} \text{KM2(常开触点,Y 形启动)} \\ \text{KM3(常开触点,△形运行)} \end{cases}$ Y 形启动时,电动机 M1 接线为 U1U2,V1V2,W1W2 接于

一点;

△形运行时,电动机 M1 接线为 U1U2 → V1V2 → W1W2。

电动机 Y－△启动主回路可设置的故障有 K_{29}、K_{53}、K_{54}、K_{69}。

这四个故障按现象不同,可以分为三类:①K_{53}、K_{69};②K_{29};③K_{54}。

①K_{53}、K_{69}:M1 不能启动,按下启动按钮 SB1,KM1 吸合,电动机不运行,但电压指示正常。

通过原理图可知,控制回路正常,但电动机不运行,则推断故障应位于电源与 KM2、KM3 辅助端子之间。测量 FU8 的 U019 与 KM1 的 U019、FU8 的 V019 与 KM1 的 V019 的电压差,排查故障 K_{53};测量 FU8 的 V018 和 QF3 的 V018、FU8 的 W018 和 QF3 的 W018 的电压差,排查故障 K_{69}。正常情况下,电压差均为 0;故障时,存在电压值。

故障排除方法:插拔线接通上述编号相同且存在电压值的端子即可,具体详见附表。

②K_{29}:电动机 M1 启动正常,但是由 Y 形变为△形接法的时候突然发出嗡嗡声。

通过原理图可知,电动机 Y－△启动的控制回路正常工作,Y 形启动正常,但变为△形运行时出现异常,则推断故障应位于 KM3 辅助端子附近。且电动机出现嗡嗡声的故障特点也算非常明显且不易混淆的,实训人员通过故障现象也可做出这个初步判断。分别测量 KM3 的 V022 与 KM2 的 V022、KM3 的 W022 与 KM2 的 W022 的电压差。正常情况下,电压差均为 0;故障时,存在电压值。

故障排除方法:插拔线接通上述编号相同且存在电压值的端子即可。

③K_{54}:电动机 M1 的 Y 形启动正常,当切换到△形的时候突然停止运行。

在实际应用中,即使排除了控制回路的故障,电动机由 Y 形切换到△形时突然停止的原因仍然有很多。本装置中模拟的只是三相电动机绕组首尾接错为同相首尾接一种,所以在排查故障时,电动机 Y－△启动主回路根据故障特征,在排除其他故障后,直接就可以锁定此故障。也可测量电动机 M1 窗口红色插拔线之间的电阻值来验证,同相阻值为 0。

故障排除方法:将电动机 M1 窗口的红色插拔线改为 U022—W022,V022—U022,W022—V022。

注意:电动机 Y－△启动主回路的一部分故障,其特征与控制回路故障极其相似,所以排查主回路故障时应先排查控制回路故障。

故障 K_{54} 的验证方法由惯用的测量电压值改为测量电阻值,原因是此故障导致 M1 不工作,无法测量工作时的电压值。

第三节　电动机正反转控制回路

电动机正反转控制回路的原理接线图如图 6 - 4 所示。

图中 FU9 为熔断器,FR2 为热继电器,SB3 为正转按钮,SB4 为反转按钮,SB5 为停止按钮,KM4、KM5 为交流接触器,HL3 为正转指示灯,HL4 为反转指示灯,FS2 为综合保险,位于装置内部,在电动机非正常运行(如缺相)时启动,切断回路,保护装置不受损伤。

相对于电动机的 Y - △启动控制回路来说,电动机的正反转控制回路比较简单,我们先来分析一下正常运行时的电动机正反转控制回路的原理。

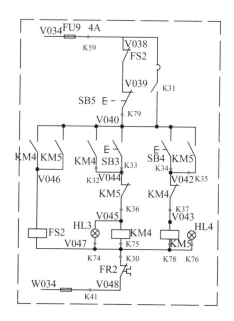

图 6 - 4　电动机正反转控制回路原理图

该回路的组成为 V034(起点) → FU9(V 相) → FS2(闭合) → SB5(闭合触

点)→ $\begin{cases} \text{正转回路} \\ \text{反转回路} \end{cases}$ → FR2(闭合) → FU9(W 相) → W034(终点)。

正转回路的组成为 V040(起点)→ $\begin{cases} \text{SB3(断点)} \\ \text{KM3(常开触点)} \end{cases}$ → KM5(常闭触点)→

KM4(正转运行指示灯 HL3)

反转回路的组成为 V040(起点)→ $\begin{cases} \text{SB4(断点)} \\ \text{KM5(常开触点)} \end{cases}$ → KM4(常闭触点)→

KM5(正转运行指示灯 HL4)

根据以上分析,我们可以把电动机正反转控制回路分为主回路、正转回路及反转回路三部分。

主回路部分可设置的故障有 K_{59}、K_{79}、K_{31}、K_{30}、K_{41}。这五个故障根据现象可以分为两类:一类为 M2 不启动,包含 K_{59}、K_{79}、K_{30}、K_{41};一类为 M2 停不了,包含 K_{31}。

M2 不启动的故障现象就是按下按钮 SB3 或 SB4 后,正反转均灯不亮,电动机 M2 不能启动,电压指示正常。通过原理图可知,故障产生的位置有四个,FR2 及 SB5 的两侧。排查的方法为测量相关位置电压值。分别测量 FU9 的 V038 与 SB5 的 V038(排查故障 K_{59})、SB5 的 V040 与 SB3 的 V040(排查故障 K_{79})、KM4 的 V047 与 FR2 的 V047(排查故障 K_{30})、FU9 的 V048 与 FR2 的 V048(排查故障 K_{41})的电压差进行核实。正常情况下,电压差均为 0;故障时,存在电压值。

故障排除方法:插拔线接通上述编号相同且存在电压值的端子即可,具体详见附表。

M2 停不了(K_{31})的故障现象就是电动机 M2 启动正常,但是按动停止按钮 SB5 时不能停止。这个故障特点非常明显且不易混淆,实训人员通过故障现象即可初步判断出停止按钮 SB5 被短接。持续按下 SB5 时,测量 SB5 的 V038 与 V040 触点的电压差进行核实。正常情况下,存在电压值;故障时,电压差为 0。

故障排除方法:拔掉 SB5 上面的短路环。

正转回路部分可设置的故障有 K_{32}、K_{33}、K_{36}、K_{74}、K_{75}。这五个故障根据现象可以分为三类:①K_{33}、K_{36}、K_{75};②K_{32};③K_{74}。

①K_{33}、K_{36}、K_{75}:按下启动按钮 SB3 后,电动机 M2 不能正转,正转灯不亮,其余回路正常。

通过原理图可知,正转回路不能启动,推断正转的主回路有断点。分别测量 SB3 的 V044 与 KM5 的 V044(排查故障 K_{33})、KM4 的 V045 与 KM5 的 V045(排查故障 K_{36})、KM4 的 V047 与 HL3 的 V047(排查故障 K_{75})的电压差进行核实。正常情况下,电压差均为 0;故障时,存在电压值。

故障排除方法:插拔线接通上述编号相同且存在电压值的端子即可,具体详见附表。

注意:由于位置原因,故障 K_{75} 存在特殊现象,按住 SB3 的时间里,正转灯会亮。这个特殊现象有助于快速排查出故障 K_{75}。

②K_{32}:电动机 M2 可以正转,但不能自锁。

通过原理图可知,电动机 M2 正转不能自锁,推断本回路中有自保持作用的常开触点 KM4 断线。测量 KM4 的 V044(辅助触点)与 KM5 的 V044 的电压差进行核实。正常情况下,电压差为 0;故障时,存在电压值。

故障排除方法:插拔线接通 KM4 的 V044(辅助触点)与 KM5 的 V044。

③K_{74}:电动机 M2 正转运行正常,仅正转指示灯不亮。

通过原理图可知,推断故障为正转运行指示灯 HL3 断线。排查的方法为测量相关位置电压值,测量 HL3 的 V047 与 KM4 的 V047 的电压差。正常情况下,电压差为 0;故障时,存在电压值。

故障排除方法:插拔线接通 HL3 的 V047 与 KM4 的 V047。

反转回路部分可设置的故障有 K_{34}、K_{35}、K_{37}、K_{76}、K_{78}。这五个故障根据现象可以分为三类:①K_{34}、K_{37}、K_{78};②K_{35};③K_{76}。

①K_{34}、K_{37}、K_{78}:按下启动按钮 SB4 后,电动机 M2 不能反转,反转灯不亮,其余回路正常。

通过原理图可知,反转回路不能启动,推断反转的主回路有断点。分别测量 SB4 的 V042 与 KM4 的 V042(排查故障 K_{34})、KM4 的 V043 与 KM3 的 V045(排查故障 K_{37})、KM5 的 V047 与 HL4 的 V047(排查故障 K_{78})的电压差进行核实。正常情况下,电压差均为 0;故障时,存在电压值。

故障排除方法:插拔线接通上述编号相同且存在电压值的端子即可,具体详见附表。

注意:由于位置原因,故障 K_{78} 存在特殊现象,按住 SB4 的时间里,反转灯会亮。

这个特殊现象有助于快速排查出故障 K_{78}。

②K_{35}：电动机 M2 可以反转，但不能自锁。

通过原理图可知，电动机 M2 反转不能自锁，推断本回路中有自保持作用的常开触点 KM5 断线。测量 KM5 的 V042（辅助触点）与 KM4 的 V042 的电压差进行核实。正常情况下，电压差为 0；故障时，存在电压值。

故障排除方法：插拔线接通 KM5 的 V042（辅助触点）与 KM4 的 V042。

③K_{76}：电动机 M2 反转运行正常，仅反转指示灯不亮。

通过原理图可知，推断故障为反转运行指示灯 HL4 断线。排查的方法为测量相关位置电压值，测量 HL4 的 V047 与 KM5 的 V047 的电压差。正常情况下，电压差为 0；故障时，存在电压值。

故障排除方法：插拔线接通 HL4 的 V047 与 KM5 的 V047。

第四节　电动机正反转主回路

电动机正反转主回路的原理接线图如图 6－5 所示。

图中 QF4 为空气开关，FU10 为熔断器，KM4、KM5 为交流接触器的辅助触点，FR2 为热继电器，M2 为电动机，FS2 为综合保险，位于装置内部，在电动机非正常运行（如缺相）时启动，切断回路，保护装置不受损伤。

电动机正反转主回路的组成为电源三相 007（起点）→ QF4（断点）→ FU10（三相）→ $\begin{cases} \text{KM4（常开触点，正转）} \\ \text{KM5（常开触点，反转）} \end{cases}$ → FR2（FS2，正常运行时无影响）→ M2（终点）。

正转时，电动机 M2 接线为 U035 → U036，V035 → V036，W035 → W036；

反转时，电动机 M2 接线为 U035 → V036，V035 → U036，W035 → W036。

电动机正反转主回路可设置的故障有 K_{80}、K_{38}、K_{40}、K_{39}。

这四个故障按现象不同，可以分为两类：①K_{80}、K_{38}、K_{40}；②K_{39}。

①K_{80}、K_{38}、K_{40}：M2 不能启动，按下正转启动按钮 SB3，KM4 吸合，正转指示灯亮，稍后电路断电（综合保护器动作）；按下反转启动按钮 SB4，KM5 吸合，反转指示灯亮，稍后电路断电（综合保护器动作）。

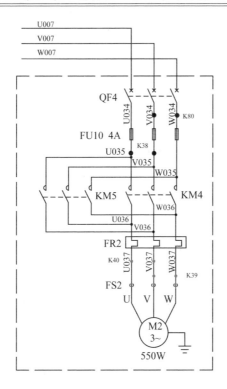

图 6 - 5　电动机正反转主回路原理图

故障现象表明,控制回路正常,但电动机不运行,则推断故障应位于主体回路上,即电源与 KM4、KM5 辅助端子之间或 FR2 与电动机 M2 之间。测量 QF4 的 V034 与 FU10 的 V034、QF4 的 W034 与 FU10 的 W034 的电压差,排查故障 K_{80};测量 FU10 的 U035 和 KM5 的 U035、FU10 的 V035 和 KM5 的 V035 的电压差,排查故障 K_{38};测量 FR2 的 U037 和 M2 的 U037、FR2 的 V037 和 M2 的 V037 的电压差,排查故障 K_{40}。正常情况下,电压差均为 0;故障时,存在电压值。

故障排除方法:插拔线接通上述编号相同且存在电压值的端子即可,具体详见附表。

②K_{39}:电动机 M2 的正反转方向对调,相序与原理图不符。

正反转方向对调这个故障特点非常明显且不易混淆,实训人员通过故障现象即可初步判断出故障为控制电动机 M2 转向的导线相序接错。本装置中模拟的只是三相电动机绕组中两相相序接线错误的一种,所以在排查故障时,根据故障特征,直接就可以锁定此故障。也可测量电动机 M2 窗口插拔线之间的电阻值来验证,同相阻值为 0。

　　故障排除方法:将电动机 M2 窗口的插拔线 V037 上的短路环和 W037 上的短路环的一端拔掉,两个交叉插到对方的插线孔里。

课后习题

　　(1)电动机回路中有哪些元器件只出现在原理图中,未出现在故障排查操作界面?

　　(2)电动机回路包含了哪几部分?

　　(3)一般时间继电器的延时范围均可自由设定,几秒至几小时不等。在电动机 Y - △ 启动控制回路运行时,本装置的 KT1 在延时的时间设定上是否有特殊要求?

　　(4)电动机正反转回路中,是否存在现象不同但是排除方法却一致的故障?有的话,是哪些? 没有的话,能否设计出?

　　(5)举例说明,电动机回路中有哪些故障,其现象特征可以让操作者不用仪器测量,直接锁定故障位置?

第七章　综合故障排查方法及系统常见故障处理

第一节　模拟装置复合故障的排查

与模拟程控装置的软件相结合,我们把低压系统中常见的故障按位置不同,详细划分为电压回路、电流回路、照明回路、电动机正反转控制回路、电动机 Y－△启动控制回路、无功补偿回路、单相计量回路以及三相计量回路故障等几种。

一般系统中只出现一处的故障时,我们称之为单一类型故障;系统中同时存在两处及以上的故障时,我们称之为复合类型故障。

通过前面的介绍,我们了解到很多类型故障的查找前提是已知一些特定的条件,一旦工作人员对前期故障的判断出现失误,从而导致对这些特定条件的推断出现错误,那么后期所有故障的查找和判断就更无法保证了。所以,当系统中存在复合故障的时候,对于排查故障的工作人员来说,故障的查找顺序就显得尤为重要了。下面我们详细介绍一下低压排故装置复合故障的排查顺序。

一、低压排故装置故障的排查顺序

通过对前期单一类型故障的具体分析及排查方法的学习,并结合 CKM－S17D 仿真系统本身的特点,我们推荐低压故障的排查顺序如下。

第一步,观察现象。

合上装置上侧最右边的空气开关,装置所有回路的电源开启。分别查看电压回路、电流回路、照明回路、电动机正反转回路、电动机 Y－△启动回路、无功补偿回路、单相计量回路以及三相计量回路等各部分是否正常,如果出现异常,现象都是什么。如果全部记下有困难,或担心有遗漏,可以选择单独查看某个回路故障现象,然后排查。

第二步,初步判断故障存在的位置。

根据上一步观察到的故障现象,初步判断故障的原因及所在回路,能精确到具体位置就更好了。有些故障现象特征特别,可以让操作者不用仪器测量,直接锁定故障位置。

但由于装置回路较多,相互之间的影响也非常大,也存在很多故障的特征相似甚至一模一样,所以一旦有犹豫,不要轻易断定故障位置。

第三步,确定各回路故障的排查顺序。

由于装置中含有众多回路,各回路相互之间又存在影响,所以确定各回路故障的排查顺序非常重要。下面简单了解一下各回路特点:电压回路比较独立且简单;单相计量回路的排查应排在照明回路恢复后,不然负载小,不易观察;电流回路、无功补偿回路以及三相计量回路必须在电动机正反转回路可以运行后排查,以便取得测量数据;电动机 Y - △启动回路非常复杂。

这里推荐先排查特征明显、相互影响不大的回路故障。推荐排故顺序如下:电压回路 → 照明回路 → 单相计量回路 → 电动机正反转回路 → 电流回路 → 三相计量回路 → 无功补偿回路 → 电动机 Y - △启动回路。

第四步,参数测量及故障判定。

参数测量方法有两种:一种是带电测量回路的电压;另一种是停电测量回路的电阻。

通过检测工具的测量数值,可以辅助实训人员再次对故障的位置进行核查。

故障判定可根据参数测量的结果推断出,但是需要注意的是,在测量设备运行参数之前,应检查所有的开关均处于正常位置,校验所有的熔断器参数均正常。如果开关位置、熔断器参数异常,会导致设备运行异常,影响实训人员对故障的判断。

第五步,排除故障。

本装置中故障的类型大体分成短路和断线两种,故障排除方法如下。

①短路情况,拔掉相关元件上面的短路环;②断线情况,插拔线接通测量时编号相同且存在电压值的端子。

拉开装置上侧最右边的空气开关,装置所有回路的电源关闭。使用长度适宜的短接线,连接判断出的故障点,或将故障点的短接线移除。

注意:排除故障的步骤一定要在装置断电的情况下进行!

第六步,验证判定。

确认故障排除操作无误后,合上装置上侧最右边的空气开关。分别查看电压回路、电流回路、照明回路、电动机正反转回路、电动机 Y－△启动回路、无功补偿回路、单相计量回路以及三相计量回路等各部分是否恢复正常。如恢复正常,则故障排查正确;如故障仍存在,则需针对现存故障重复进行排查。

至此为止,低压故障排查装置综合故障的排查结束,各类可能出现的故障全部可以排查出来。

第二节　易混淆故障的区分排查

从低压故障排除程控模拟装置故障的排查内容可以看出,对故障类型、位置初步判断的主要依据是程控模拟装置的现象及相关参数的测量数据。

通过观察设备在故障时与正常运行时不同的现象,我们做出低压装置故障所处回路及类型、位置的初步推断,然后运用分析测量数据与正常数据之间的差别进行故障判断的验证,最后根据推断的结果对故障进行排除操作。

由于低压故障排除程控模拟装置可设置的故障种类众多,而装置中有很多不同类型的故障都会形成极其相似的测量结果,这就让原本复杂的分析过程变得更加难以辨识,也使得测量数据验证故障判断的部分非常重要。

装置中还存在另一些故障,故障的现象完全不同,但是数据测量的位置和排除故障的方法却非常相似甚至完全一致。

根据以上特点,我们把这些容易混淆的故障划分为两类,着重强调一下它们之间的排查方法和排查的注意事项。

一、特征现象相似的不同类型故障

前文已经详细介绍了所有现象相似的单一类型故障及其排查方法,所以这里分析的特征现象相似故障指的是复合故障。这种复合故障由多个单一故障组成,故障现象叠加,导致最终呈现的故障现象与某些单一故障的现象相同。它们一般集中在多个并联的分支回路中,由于多个分支回路同时故障,容易导致实训人员误判为主回路故障。

1. 电压回路

电压回路中,特征相近的复合故障一般是多相电压断线。所谓多相电压断线指的是到电压指示切换开关 QC1 的三相线路中有 2 ~ 3 相断线(如 K_4、K_5 与 K_6 中的两个或三个)。

多相电压断线的故障现象和单一的三相电压断线现象一样,初步观察现象很大程度会误导实训人员的判断。但是在测量时发现电压表与电源的相同编号端子电压差均为 0,电压表未断线。这时考虑存在复合故障,测量电压指示切换开关 QC1 与电源相同编号端子的电压差,正常应为 0,如存在电压值,则存在电压值的所有相均为故障相。

2. 照明回路

照明回路的组成部分非常多,这就使得因多回路均发生断线从而导致误判主回路断线故障的概率非常低,所以照明回路中,特征相近的复合故障较少,这里我们着重强调故障 K_{17} 和 K_{18}。

故障 K_{17} 和 K_{18} 的存在于双控回路,单一故障的现象为只有双控开关其中一个处于闭合状态,另一个开关才可以自由控制灯泡 EL1 的明灭。如果两个故障同时出现形成复合故障,则现象与双控回路的主回路断线现象一致,容易导致实训人员误判。这时应仔细排查双控回路,从接线的始端到终端,测量所有相同编号端子的电压差,正常应为 0,如存在电压值,则存在电压值的所有节点均为故障点。

3. 电动机回路

电动机回路的组成部分也非常多,控制回路($Y - \triangle$ 启动控制回路和正反转控制回路)容易出现特征相近的复合故障。由于电动机运行状态较多,控制回路中存在多个控制电动机不同运行方式的分支回路,分支回路中如果出现由多个故障组成的复合故障,使得故障现象叠加,就容易导致实训人员误判为主回路故障。

例如,电动机正反转控制回路中,如果有 K_{36} 和 K_{37} 同时存在的复合故障,其故障现象就与 K_{59}、K_{79} 等主回路的单一故障现象一致。

这时实训人员只有仔细排查整个回路,从回路接线的起点开始到终点为止,一段接着一段测量所有相同编号端子的电压差,正常应为 0,如存在电压值,则存在电压值的所有端子均为故障点。

二、现象不同但排故方法相同的故障

区别于使实训人员误判的由多分支故障组成现象相同的复合故障,装置中还存在现象不同但排故方法类似或相同的故障。这些故障同样存在于多分支回路,不同点是回路中多个元件有相同的连接端子,且元件与连接端子间可以形成断路故障。

1. 照明回路

照明回路中满足上述条件的端子为 S103 与 N103,插座回路、双控开关回路、日光灯回路及节能灯回路均含有与此两个端子编号相同的端子,且连接端子处均可设置故障。例如故障 K_{63} 和 K_{64} 就是排故方法相似。

故障 K_{63} 存在于节能灯回路,K_{64} 存在于双控回路,单一故障的现象为无论开关位置怎样,本回路灯泡不亮。通过前面讲解的故障排查方法,我们可以检测后排除故障。但是由于灯泡 EL1 和 EL2 距离较近,且在排除完第一个故障后,熔断器 FU6 的 N103 端子已经被插拔线占用,排除第二个故障时,容易造成这个故障已经排除完的误判。即使实训人员没有误判,第二个故障在排除时仍需占用熔断器 FU6 的 N103 端子,这就会导致插拔线在该端子上重叠。

这里需要注意,如果低压排故装置单一端子上重叠的插拔线超过了两个,相互叠加的插拔线之间也容易产生接触不良等现象,会干扰实训的正常进行。所以,如果单一端子上需要重叠的插拔线过多,建议将端子更换为已确认无故障回路的相同编号端子。

2. 电动机回路

电动机回路中满足现象不同但排故方法类似条件的端子为 V040 与 V033,Y－△启动控制回路和正反转控制回路中众多元件均含有与此两个端子编号相同的端子,且连接端子处均可设置故障。相关故障的排查方法及注意事项前面已经介绍,实训人员自行分析即可,这里不再赘述了。

电动机回路中较特殊的故障为现象不同但排故方法相同的故障,这种复合故障包含两种类型:①并联的两回路同时断线;②串联的两回路同时断线。

①并联的两回路同时断线,故障 K_{74} 和 K_{75} 以及 K_{76} 和 K_{78}。以 K_{74} 和 K_{75} 为例分析,故障 K_{74} 和 K_{75} 现象分别为电动机正转回路正常但正转指示灯不亮、电动机正转

回路不启动但按下正转启动按钮时正转指示灯亮。故障现象完全不同,但单一故障排故的方法均为插拔线接通 HL3 的 V047 与 KM4 的 V047。如果回路出现 K_{74} 和 K_{75} 组成的复合故障,只按照上述方法进行排故,故障仍然存在。

这时实训人员只有仔细分析故障回路的原理图,才能找到复合故障产生的原因,并联的两回路同时断线,只把回路相连而不接入外部回路中,是不能排除复合故障的。所以故障排除方法为多加一根插拔线,再接通与故障处编号相同且存在电压值的端子。

②串联的两回路同时断线,故障 K_{75} 和 K_{30}、K_{74} 和 K_{30}、K_{76} 和 K_{30} 以及故障 K_{78} 和 K_{30}。我们以 K_{75} 和 K_{30} 为例进行分析,故障 K_{75} 和 K_{30} 现象分别为电动机正转回路不启动但按下正转启动按钮时正转指示灯亮、电动机正反转均不启动且正反转指示灯均不亮。故障现象不同,但单一故障排故的方法均为插拔线接通 KM4 的 V047 和 FR2 的 V047。而如果回路同时出现 K_{75} 和 K_{30} 组成的复合故障,仅插拔线接通 KM4 的 V047 和 FR2 的 V047,复合故障也可以排除。

这种特殊的情况,通过分析故障回路的原理图可以找到原因,串联的两回路同时断线,虽然断点位于不同元件,但两个断点紧邻且所有断点的编号均为 V047(等电位点),也就是说这两个断点在等效电路图中实际为一点。所以仅用一根插拔线接通涉及故障的两元件相同编号端子即可排除复合故障。

第三节　实训装置常见的异常情况及处理方法

实训装置在实训的过程当中,由于实训人员操作不当或者设备本身的缺陷,容易出现一些异常的状况。这些异常状况的出现会干扰实训的正常进行,而且如果处理的不得当,会造成设备的损坏甚至操作人员触电事故,后果非常严重。

下面我们简单介绍几种常见的异常情况和出现异常状态时相关的处理方法。

一、设备异响

设备异响指的是仿真装置在通电的状态下,发出不正常的响动,一般表现为运行中的设备间歇性或持续性地出现不同于正常运行状态时的声音。

我们一般依据声音的特点、出现的位置及时段来判断设备异响出现的原因。

1. 起始异响

起始异响一般出现在设备通电以后,按下装置机柜左侧面板上的绿色"通"按钮,这时,设备出现异响。

这种异响是比较沉闷的嗡嗡声,间歇性,一阵一阵,类似于脉冲,听起来感觉很像是启动装置动力不足,带动不起来其他设备。由于此时软件尚未开启,所以可以确定不存在系统过载等问题。

出现这种情况一般是程控装置长期闲置、不投入运行的时候,特别是天气寒冷,现象尤其明显。这种状态,不会影响实训的正常进行,但为了减少设备的损伤,从安全及维护设备的角度出发,我们一般采取的措施是,正常启动软件后,暂时不投入运行,作为缓冲,让设备逐步适应带电的状态,等到这种异响不再出现时,再投入运行,而且初次最好正常运行,不设置故障。如果这种异响持续的时间比较长,也可以按下装置机柜左侧面板上的红色"断"按钮,将设备断电,过几分钟后重启,再观察设备情况。一般异响会在重启后消失,设备恢复正常。

2. 运行异响

运行异响一般出现在设备运行以后,启动软件后,投入运行,在运行开始的时候,设备出现异响。

这种异响是比较尖锐的吱吱声,持续性,一直不停,类似于电子器件不正常运行时发出的一种噪声。由于这时对软件控制屏及设备本体观察,没有告警信息出现,所以可以确定不存在危及设备及人身安全的故障。

出现这种情况的条件不确定,有时是程控装置长时间闲置、不投入运行,有时长时间运行、停止后再次运行时。这种情况是由于装置内部的电子器件运行条件突变造成的,不是所有设备都会出现,可以理解为某些设备的小缺陷。这种状态,不会影响实训的正常进行,但同样为了减少设备的损伤,从安全及维护设备的角度出发,我们一般采取的措施是,按下装置机柜左侧面板上的红色"断"按钮,然后重启设备,按下装置机柜左侧面板上的绿色"通"按钮,让设备再次投入运行。观察设备情况。一般异响会在重启后消失,设备恢复正常。

3. 风扇异响

风扇异响一般出现在设备长时间运行时。设备较长时间处于运行的状态,运行灯持续亮起。这时,设备出现异响。

这种异响是比较沉闷的嗡嗡声,持续性,一直不停,类似于风扇正常工作时的响声,但是更加剧烈,伴随着一种橡胶过热时的味道。由于这时对软件控制屏及设备本体观察,没有告警信息出现,所以也可以确定不存在危及设备及人身安全的故障。

出现这种情况一般是仿真装置长时间投入运行的时候,特别是初始设置对电流值的设置比较大,现象尤其明显。这种状态,不会影响实训的正常进行,同样为了减少设备的损伤,从安全及维护设备的角度出发,我们一般待整组实训人员完成故障排查的操作后,关闭装置右上角空气断路器,这时,设备停止运行,但是风扇继续工作,为设备内部散热。注意,不要按下装置机柜左侧面板上的红色"断"按钮,否则装置断电,风扇立即停止工作,设备内部的热量排不出去,容易损伤设备。设备停运一段时间,待温度降低后,按下装置机柜左侧面板上的红色"断"按钮,稍后重新启动运行,再观察设备情况。一般异响会在重启后消失,设备恢复正常。

二、通信连接不成功

通信连接不成功指的是程控装置与计算机软件之间的连接出现异常,一般表现为连接中断、计算机不能通过软件控制装置等。我们一般依据计算机左下角连接显示来确定设备存在通信连接不成功的问题。

出现通信连接不成功这种问题,一般有以下几种情况。

1. 起始连接失败

起始连接失败一般出现在软件启动以后,打开系统软件,主界面左下角做出"通信状态:中断"的文字提示,显示通信连接失败。

出现这种情况意味着仿真装置不能与计算机软件正常连接,软件故障设置的指令无法传输给程控装置。这种状态会导致实训不能正常进行,我们一般采取的措施是,关闭主界面,重启柜体后再次启动软件,打开主界面,观察左下角做的通信连接文字提示。通常重启系统后,连接失败的问题会得到解决,软件界面左下角应出现"通信状态:连接"的文字提示。

如果仍然显示通信连接失败,可能是通信端口设置问题,在程控模拟装置主界面下,单击"装置设置",进入"通信设置"界面,在 通信端口 的下拉菜单中选择端口,也可单击"自动侦测",侦测到串口后,单击 确定 。完成通信端口的设置。

如果还是显示通信连接失败,则可能仿真装置与计算机之间数据传输的通信线(位于柜体底部,通过水晶头与计算机主机相连接)出现了问题,这就需要检查通信线了,比如接头是否接触不良等。

2.主机与子机冲突

主机与子机冲突一般出现于实训进行的过程中,正在参与故障排查的实训人员会突然发现自己所在装置的故障完全消失,查看计算机界面发现,主界面左下角提示"通信状态:中断"。或者运行出现短暂异响,经过测量发现,装置现有故障与计算机初始设置的故障不相同。

出现这种情况一般是由于控制仿真装置的计算机主机与子机产生冲突造成的。仿真装置开始时由自己的子机控制设置故障,这时别的实训人员打开实训室的主机,通过主机远距离控制仿真装置,主机与仿真装置连接的瞬间,原本控制仿真装置的子机软件主界面左下角会做出"通信状态:中断"的文字提示,提示子机与仿真装置的通信连接失败。或者仿真装置开始时由主机远距离控制设置故障,后来实训人员打开仿真装置旁边的子机,通过子机控制仿真装置,子机与仿真装置连接的瞬间,原本控制仿真装置的主机软件主界面左下角也会做出"通信状态:中断"的文字提示,提示主机与仿真装置的通信连接失败。产生这种情况的根本原因是参与故障排查的实训人员在练习时缺乏沟通,所以我们一般采取的措施是,提前做出约定——在实训中,主机不得参与远距离控制仿真装置;考核时,子机不允许开机。

三、设备告警、电源停止供电

设备告警、电源停止供电指的是仿真装置在实训进行中设备本身发生故障,这类故障会危及设备及操作人员的安全,所以仿真装置会出现设备声音告警,提示故障类型,同时装置的电源停止供电,程控装置断电。

出现设备告警、电源停止供电这种问题,一般是由于实训人员操作不当或设备本身的缺陷引起的,常见的情况分为以下几种。

1.过电流

过电流指的是设备中流过的电流超过电流的额定值。大于回路导体额定载电流量的回路电流都是过电流。它包括过载电流和短路电流。

电气回路因所接用电设备过多或所供设备过载等原因而过载。其电流值是回路载流量的几倍,其后果是工作温度超过允许值,使绝缘加速劣化,寿命缩短。

当回路绝缘损坏,电位不相等的导体经阻抗可忽略不计的故障点而导通,被称作短路。这种金属性短路,其短路电流可达回路导体载流量的几十倍,它可产生异常高温或巨大的机械应力从而引起种种灾害。

过流告警一般是实训人员在排除故障过程中,由于判断错误或者疏忽等原因,在排除设备故障时将设备不同的带电部分不正常连接在一起。比如实训过程中,误将设备的不同相别用短接线相连接。

当设备出现过流告警时,装置的自动开关和熔断器均已迅速动作,切断电源,此时熔断器一般均已损坏。出现这种情况后,应先重启剩余电流动作断路器,仔细排查已连接的短接线,查出造成故障的原因,并恢复装置,然后检查相关的熔断器,如损坏则及时更换同规格的元件,最后重启程控装置。

2. 接零

接零保护指的是把电工设备的金属外壳和电网的零线连接,以保护人身安全的一种用电安全措施。在电压低于 1 000 V 的接零电网中,若电工设备因绝缘损坏或意外情况而使金属外壳带电时,会形成相线对中性线的单相短路,则线路上的保护装置(自动开关或熔断器)迅速动作,切断电源,从而使设备的金属部分不至于长时间存在危险的电压,这保证了人身安全。

接零告警一般是实训人员在排除故障过程中,由于判断不正确而误操作或者操作时失误等原因,造成设备不应带电的部分意外带电。比如实训过程中,误将设备带电部分与装置外壳连接。

遇到这种情况,应重启剩余电流动作断路器,仔细排查已连接的短接线,查出造成故障的原因,并恢复装置,然后检查相关的熔断器,如损坏则及时更换同规格的元件,最后重启程控装置。

3. 漏电

用电设备发生电气碰壳(某相与外壳碰触)故障并不频繁,与碰壳故障不同,漏电故障出现的概率更高一些,如设备受潮、负荷过大、线路过长、绝缘老化等都容易造成漏电。这些漏电电流值较小,不能迅速使保险切断,因此,故障不会自动消除而是长时间存在。这种漏电电流对人身安全已构成严重的威胁。所以,装置加装了灵敏度更高的漏电保护器进行补充保护,一旦遇到漏电的情况,自动切断电源,保护设备和人员安全。

漏电告警一般是实训人员在排除故障过程中,由于误操作或者设备本身元件损坏等原因造成的。

遇到漏电告警,应重启剩余电流动作断路器,恢复装置,然后检查相关的熔断器,如损坏则及时更换同规格的元件,最后重启程控装置,故障一般会消失;如果是设备本身元件损坏,故障还会存在,这时应联系专业维修人员进行维修。

四、设置的参数不生效

设置的参数不生效指的是计算机软件设置的参数传输给仿真装置后,实训进行中,测量时发现设备实测数据与设置值不符。

出现设置的参数不生效这种问题,一般也是由于实训人员操作不当或设备本身的缺陷引起的,常见的情况分为以下几种。

1. 设备本身故障

设备本身故障一般指的是设备本身的零件出现问题,导致部分装置失灵。由于设备的一些部件在出现接触不良、损坏等问题时,会导致装置的参数发生改变,继而出现电压或电阻异常、与设置值不符。如果查出是这种原因形成的故障,只能通知专业技术人员对装置进行维修,非厂家授权的专业人员不允许私自打开设备后盖进行任何操作。

2. 电源存在问题

电源存在问题一般指的是实训室接入仿真装置的电源本身存在问题,比如电压不稳定、电压偏高、三相电压不对称等。这也会造成仿真装置的实际测量数据与设置值不符。出现这种情况的概率不大,但是检查工作需要严谨,不能随意排除出现故障的可能。我们这时需要对电源进行检查,如果确定是电源存在问题,需要联系实训室的专业维护人员进行维修。

3. 没有投入运行

没有投入运行一般指的是故障设置成功后,没有把相关信息传输给程控装置。这种情况一般出现在刚刚进行实训的人员当中,由于刚接触模拟设备,对操作不是十分熟练,设置好的故障后忘记投入运行,导致测量人员测量的数据是正常情况下的数据。

针对设置的故障不生效这种情况,我们一般采取的措施是先检查装置是否投入运行,确认是否是操作失误;排除操作失误后,再测量电源相关参数,确认是否属于电源故障;排除电源故障后,重启设备,确认是否装置出现偶发的失灵状况;如问题仍然存在,基本就可以断定为设备本身出现故障了。出现设备元件损坏的情况,应联系专业维修人员进行维修;如果是电源故障,应联系实训室的专业维护人员进行维修。

课后习题

(1)什么是复合类型故障?

(2)低压排故装置故障的排查顺序是怎样的?

(3)发现低压排故装置存在复合型故障后,为什么要确定各类故障的排查顺序?

(4)低压排故装置中容易混淆的故障有哪些?

(5)如果低压排故装置中存在 n 个故障,是否可以推断最终排故使用的插拔线数量一定为 n 个? 为什么?

(6)排故装置出现通信连接不成功这种问题,一般是由哪几种情况造成的?

(7)排故装置设置的参数不生效,一般有哪些原因?

附表　故障汇总

故障	现象	原因	排除方法
K1	C 相电流表指示降低,A、B 相指示正常	测量 C 相电流互感器二次 S1 端子断线	将 1TAc 的短路环去除,插拔线接通 1TAc 的 S1(与黑端子并排的红端子)与 PA3 的 S1
K2	B 相电流表指示降低,A、C 相指示正常	测量 B 相电流互感器二次 S1 端子断线	将 1TAb 的短路环去除,插拔线接通 1TAb 的 S1(与黑端子并排的红端子)与 PA2 的 S1
K3	A 相电流表指示降低,B、C 相指示正常	测量 A 相电流互感器二次 S1 端子断线	将 1TAa 的短路环去除,插拔线接通 1TAa 的 S1(与黑端子并排的红端子)与 PA1 的 S1
K4	电路正常,但是用电压指示切换开关检查三相电压,V、W(B、C)两相电压正常,其余两相无电压	到电压指示切换开关的三相线路中 U(A)相一路断线	插拔线接通 FU1 的 U005 与 QC1 的 U005
K5	电路正常,但是用电压指示切换开关检查三相电压,U、W(A、C)两相电压正常,其余两相无电压	到电压指示切换开关的三相线路中 V(B)相一路断线	插拔线接通 FU1 的 V005 与 QC1 的 V005
K6	电路正常,但是用电压指示切换开关检查三相电压,U、V(A、B)两相电压正常,其余两相无电压	到电压指示切换开关的三相线路中 W(C)相一路断线	插拔线接通 FU1 的 W005 与 QC1 的 W005

故障	现象	原因	排除方法
K7	主回路电路正常,电动机工作正常但电压表无指示	电压表的接线脱落断开	插拔线接通 PV1 的 X001 与 QC1 的 X001
K8	M2 电动机单独启动后,补偿控制器没有投入补偿电容,超前指示灯一直亮	取样电压信号 US2 接错到 UV(AB)电压,应该连接到 VW(BC)电压	拔掉 P1 下面 US2 的短路环红色插线,用插拔线接通把 US2 插到本排 W005 插线孔上
K9	电动机 M2 单独启动后,控制器一直显示"L0—"欠电流	电流采样互感器与控制器断开	插拔线接通 P1 的 1S1 与 U101
K10	M2 单独运行后控制器投入第一组电容器,并没有听到交流接触器吸合的声音(KM6 并未吸合),功率因数没有明显变化	FR3 的常闭触点与补偿控制器的 UK1 断开	插拔线接通 P1 的 UK1 与 FR3 的 U014;FR3 需要进行复位操作
K11	电路不正常,单相电度表不转,1 号端子对 N 无电压	单相电度表进线断线	插拔线接通 PJ1 的 L01 FU1 的 U005
K12	电路不正常,单相电度表不转,QK1 的 L03 对无电压	单相电度表出线断线	插拔线接通 PJ1 的 L03 与 QK1 的 L03
K13	节能灯、日光灯、白炽灯均不能亮,电源插座无正常(电压220 V)输出	火(V)线断线	插拔线接通 QF2 的 L05 与 FU6 的 L05
K14	节能灯、日光灯、白炽灯均不能亮,电源插座无正常(电压220 V)输出	零(N)线断线	插拔线接通 QF2 的 N05 与 FU6 的 N05
K15	节能灯、日光灯、白炽灯均不能亮,电源插座(电压220 V)正常	火(L)线断线	插拔线接通 FU6 的 S103 与 SA3 的 S103
K16	电源插座无正常(电压220 V)输出,但其余电路正常	到电源插座的零(N)线断开	插拔线接通 XS1 的 N103 与 FU6 的 N103
K17	双联开关只有 SA3 闭合,SA4 才能控制灯泡 EL1 明灭,其余电路正常	两个双联开关之间某条线路断线	插拔线接通 SA3 的 S105 与 SA4 的 S105

故障	现象	原因	排除方法
K18	双联开关只有 SA4 闭合,SA3 才能控制灯泡 EL1 明灭,其余电路正常	两个双联开关之间某条线路断线	插拔线接通 SA3 的 S106 与 SA4 的 S106
K19	两个双联开关无论怎样灯泡 EL1 都不亮,但其余电路正常	灯泡 EL1 到开关的线断开	插拔线接通 SA4 的 S104 与 EL1 的 S104
K20	单联开关 SA5 打开但是节能灯不亮,其余电路正常	开关与节能灯之间断开或节能灯损坏	插拔线接通 EL2 的 S107 与 SA5 的 S107
K21	日光灯不能启动,其余电路正常	镇流器与开关连线开路	插拔线接通 L3 的 S112 与 SA2 的 S112
K22	日光灯不能启动,但其余电路正常	启辉器到零(N)线的线短路	拔掉 RT3 上面的短路环
K23	日光灯不能启动,但其余电路正常	启辉器与零(N)线的线断开	插拔线接通 RT3 的 S110 与 E3 的 S110
K24	电动机 M1 不能启动,按下启动按钮 SB1 后启动灯不亮,电压指示正常	启动按钮 SB1 与线路断开	插拔线接通 SB1 的 V026 与 SB2 的 V026
K25	电动机 M1 不能启动,KM2 吸合但不能自锁,电压指示正常	KM1 线圈与电路断开	插拔线接通 SB1 的 V027 与 KM1(线圈)的 V027
K26	电动机 M1 按 Y 形启动后,不能变为△接法,时间继电器的灯延时后都一直亮	时间继电器 KT1 的延时断开触头短路	拔掉 KT1 上面的短路环
K27	电动机 M1 按 Y 形启动后,不能变为△接法,时间继电器的灯一直不亮	时间继电器 KT1 的线圈断路	插拔线接通 KT1 线圈的 V029 与 KM3 的 V029
K28	M1 星形启动正常,但转换为角运行时突然噼里啪啦,电动机切换△没有成功,仍为 Y 运行	△运行自锁触头与线路断开	插拔线接通 KM3 的 V032(辅助触点)与 KT1 的 V032

故障	现象	原因	排除方法
K29	电动机 M1 启动正常,但是由 Y 形接法变为△形接法的时候突然发出嗡嗡声	KM3(△)的主触头与电动机的接线同时断开了两路	插拔线接通 KM3 的 V022 与 KM2 的 V022;插拔线接通 KM3 的 W022 与 KM2 的 W022
K30	分别按下按钮 SB3 和 SB4 后,正反转均灯不亮,电动机 M2 不能启动	KM4 和 KM5 线圈与电路断开	插拔线接通 KM4 的 V047 与 FR2 的 V047
K31	电动机 M2 启动正常,但是按动停止按钮 SB5 时不能停止	停止按钮 SB5 短路	拔掉 SB5 上面的短路环
K32	电动机 M2 可以正转,但不能自锁	KM4 的自锁辅助触头与线路断开	插拔线接通 KM4 的 V044(辅助触点)与 KM5 的 V044
K33	电动机 M2 不能正转启动,按下启动按钮 SB3 后正转灯不亮,电压指示正常	正转按钮 SB3 与线路断开	插拔线接通 SB3 的 V044 与 KM5 的 V044
K34	电动机 M2 不能反转启动,按下启动按钮 SB4 后启动灯不亮,电压指示正常	正转按钮 SB4 与线路断开	插拔线接通 SB4 的 V042 与 KM5 的 V042
K35	电动机 M2 可以反转,但不能自锁	KM5 的自锁辅助触头与线路断开	插拔线接通 KM4 的 V042 与 KM5 的 V042
K36	M2 不能正转按下正转按钮 SB3 后正转灯不亮,电压指示正常; Y－△电路运行正常	KM4 线圈与电路断开	插拔线接通 KM5 的 V045 与 KM4 的 V045
K37	M2 不能反转按下反转按钮 SB4 后反转灯不亮,电压指示正常; Y－△电路运行正常	KM5 线圈与电路断开	插拔线接通 KM4 的 V043 与 KM5 的 V043
K38	电动机 M2 不能启动,按下启动按钮 SB3,KM4 吸合,正转灯亮,稍后电路断电(综合保护器动作),反转启动按钮 SB4,KM5 吸合,反转指示灯亮,稍后电路断电(综合保护器动作)	KM4 主触头与三相电路的接线同时断开了两路	插拔线接通 FU10 的 U035 与 KM5 的 U035;插拔线接通 FU10 的 V035 与 KM5 的 V035

故障	现象	原因	排除方法
K39	M2 正反转方向对调	相序不对	M2 旁边的 V037 上的短路环和 W037 上的短路环的一端拔掉,两个交叉插到对方的插线孔里
K40	电动机 M2 不能启动,按下启动按钮 SB3 或 SB4 后正反转指示灯亮稍后电路掉电(综合保护器动作)监视电压表指示正常,Y - △启动电路正常	FR2 主触头与电动机的接线同时断开了两路	插拔线接通 FR2 的 V037 与 M2 的 V037;插拔线接通 FR2 的 U037 与 M2 的 U037
K41	电动机 M2 不能启动,电动机 M1 工作正常	电动机控制回路电源 V 相熔断器出端与接触器线圈之间的线松动断开	插拔线接通 FU9 的 V048 与 FR2 的 V048
K42	M2 单独运行后控制器投入第一组电容器,并没有听到交流接触器吸合的声音(KM6 并未吸合),功率因数没有明显变化	KM6 线圈与电路断开	插拔线接通 KM6 的 U013 与 FR3 的 U013;FR3 需要进行复位操作
K43	单相照明电路无 220V 电压,白炽灯、节能灯、日光灯不亮	单相电能表零线出线松动断开后级电路无 220V 电压	插拔线接通 PJ1 的 N003 与 QK1 的 N003
K44	电动机 M1 不能启动,电动机 M2 工作正常,主回路供电正常	控制回路热过载继电器与 U 相熔断器之间的线断开	插拔线接通 FU7 的 V024 与 FR1 的 V024
K45	电动机 M1 不能启动,电动机 M2 工作正常,主回路供电正常	热过载继电器故障或热过载继电器与停止按钮之间的连线断开	插拔线接通 FR1 的 V025 与 SB2 的 V025
K46	电动机 M1 不能启动,KM1、KM2 可以吸合但不能自锁保持	启动按钮 SB1 与自锁触点之间的线断开	插拔线接通 SB1 的 V027 与 KM3 的 V027

故障	现象	原因	排除方法
K47	电动机 M1 不能启动,KM1、KM2 可以吸合但不能自锁保持	KM1 自锁触点与 KM3 常闭触点之间连线断开	插拔线接通 KM3 的 V027 与 KM1 的 V027
K48	电动机 M1 由星形转换为△运行后停止转动(电动机保护器动作)	KM2 常闭触点与 KM3 常闭触点之间断开(联锁电路故障)	插拔线接通 KM3 的 V027 与 KM2 的 V027
K49	电动机 M1 不能启动,按启动按钮时 KM1 可以吸合,KM2 不能吸合,电动机保护动作,M1 主回路电源断开	接触器 KM2 线圈与 FU7 熔断器之间的连线断开	插拔线接通 FU7 的 V033 与 KM2 的 V033
K50	Y 运行指示灯不亮,电动机 M1 可以正常工作	Y 运行指示灯与 FU7 熔断器之间连线断开引线	插拔线接通 FU7 的 V033 与 HL1 的 V033
K51	△运行指示灯不亮,电动机 M1 可以正常工作	△运行指示灯与 FU7 熔断器之间的连线断开	插拔线接通 FU7 的 V033 与 HL2 的 V033
K52	电动机 M1 不能△运行,KM1 可以吸合,KM3 不能吸合,电动机保护器动作 M1 主回路电源断开	接触器 KM3 线圈与 FU7 熔断器之间的连线断开	插拔线接通 FU7 的 V033 与 KM3 的 V033
K53	M1 不能启动,按下启动按钮 KM1 吸合,电动机不运行,电压指示正常	KM1 主触头与三相电路的接线同时断开了两路	插拔线接通 FU8 的 U019 与 KM1 的 U019;插拔线接通 FU8 的 V019 与 KM1 的 V019
K54	电动机 M1 星形启动正常,当切换到△运行时电动机突然停止运行	三相电动机绕组首尾接错为同相首尾接	将电动机窗口的红色插拔线改为:U022—W022,V022—U022,W022—V022
K55	电动机 M1 按 Y 形启动后,不能变为△接法,时间继电器的灯一直不亮	KT1 线圈和控制电源断线	插拔线接通 KT1 的 V033 与 KM2 的 V033

故障	现象	原因	排除方法
K56	日光灯不亮,其余电路正常	日光灯与镇流器之间的接线断开	插拔线接通 E3 的 S108 与 L3 的 S108
K57	日光灯不亮,其余电路正常	日光灯与启辉器之间的连接线断开	插拔线接通 E3 的 S109 与 RT3 的 S109
K58	日光灯不亮,其余电路正常	日光灯零(N)线断开	插拔线接通 E3 的 N103 与 FU6 的 N103
K59	电动机 M2 不能启动,其余电路正常	电动机控制回路的保险一端与主回路断开	插拔线接通 FU9 的 V038 与 SB5 的 V038
K60	电压表无指示,其余电路正常	电压表的一端界限与电路断开	插拔线接通 PV1 的 X002 与 QC1 的 X002
K61	功率因数补偿控制器在投入电容时,功率因数并未得到改善(控制该组的交流接触器并未吸合)	功率因数补偿控制回路的熔断器与主回路断开	插拔线接通 FU2 的 U008 与 FU3 的 U008
K62	电动机 M1 不能启动	电动机控制回路熔断器与主回路断开	插拔线接通 FU7 的 W018 与 FU8 的 W018
K63	单联开关 SA5 打开但是节能灯不亮,其余电路正常	节能灯零(N)线断开	插拔线接通 EL2 的 N103 与 FU6 的 N103
K64	两个双联开关无论怎样灯泡 EL1 都不亮,但其余电路正常	灯泡 EL1 零(N)线断开	插拔线接通 EL1 的 N103 与 FU6 的 N103
K65	三相四线电表 PJ2 的 A 相电压指示灯的断线	三相四线电表 PJ2 的 A 相电压的断线	插拔线接通 PJ2 的 U005 与 FU1 的 U005
K66	三相四线电表 PJ2 的 B 相电压指示灯的断线	三相四线电表 PJ2 的 B 相电压的断线	插拔线接通 PJ2 的 V005 与 FU1 的 V005
K67	三相四线电表 PJ2 的 C 相电压指示灯的断线	三相四线电表 PJ2 的 B 相电压的断线	插拔线接通 PJ2 的 W005 与 FU1 的 W005

故障	现象	原因	排除方法
K68	功率因数补偿控制器在投入电容时,功率因数并未得到改善(控制该组的交流接触器并未吸合)	功率因数补偿控制回路的熔断器与主回路断开	插拔线接通 FU2 的 W008 与 FU3 的 W008
K69	M1 不能启动,按下启动按钮 SB1,KM1 吸合,电动机不运行,电压指示正常	M1 电动机主回路保险 FU8 入端三相电源接线同时断开两相	接通 FU8 的 V018 和 QF3 的 V018;接通 FU8 的 W018 和 QF3 的 W018
K70	电动机 M1 不能启动,KM1 不吸合,电压指示正常	KM1 线圈与电路断开	插拔线接通 KM1 的 V033 与 FU7 的 V033
K71	电动机 M1 不能启动,按启动按钮时 KM1 可以吸合,但电动机不转	接触器 KM2 线圈控制回路断线	插拔线接通 KM2 的 V030 与 KT1 的 V030
K72	电动机 M1 由星形转换为△运行后停止转动(电动机保护器动作)	KM2 的常闭辅助触点与 KT1 的常开触点断线	插拔线接通 KM2 的 V031 与 KT1 的 V031
K73	电动机 M1 不能△运行,KM1 可以吸合,KM3 不能吸合,电动机保护器动作 M1 主回路电源断开	KM3 的线圈控制回路断线	插拔线接通 KM3 的 V032 与 KT1 的 V032
K74	电动机 M2 启动正常,按下启动按钮 SB3 后,电动机 M2 正转,正转指示灯不亮,按下启动按钮 SB4 后,电动机 M2 反转,反转指示灯亮	HL3 控制回路断线	插拔线接通 HL3 的 V047 与 KM4 的 V047
K75	M2 不能正转按下正转按钮 SB3 后正转灯闪烁一下熄灭,电动机不能启动电压指示正常;	KM4 线圈控制回路断线	插拔线接通 HL3 的 V047 与 KM4 的 V047
K76	电动机 M2 启动正常,按下正转按钮 SB3 后,电动机 M2 正转,按下启动按钮 SB4 后,电动机 M2 反转,反转指示灯不亮	HL4 控制回路断线	插拔线接通 HL4 的 V047 与 KM5 的 V047

故障	现象	原因	排除方法
K77	单相照明电路无 220 V 电压,白炽灯、节能灯、日光灯不亮	单相电能表零(N)线进线断线,后级电路无 220V 电压	插拔线接通 PJ1 的 N01 与 FU1 的 N002
K78	按下反转按钮 SB4 后,反转灯闪烁一下熄灭,M2 不能反转,电压指示正常	KM5 线圈控制回路断线	插拔线接通 HL4 的 V047 与 KM5 的 V047
K79	下按钮 SB3 和 SB4 后正反转均灯不亮,电动机 M2 不能启动,电压指示正常	SB5 与控制回路断线	插拔线接通 SB5 的 V040 与 SB3 的 V040
K80	电动机 M2 不能启动,按下正转按钮 SB3,KM4 吸合,正转灯亮,稍后电路断电(综合保护器动作),按下反转动按钮 SB4,KM5 吸合,反转指示灯亮,稍后电路断电(综合保护器动作)	QF4 主触头与三相电路的接线同时断开了两路	插拔线接通 FU10 的 V034 与 QF4 的 V034;接通 FU10 的 W034 与 QF4 的 W034
K81	合闭 QF2 后,节能灯、日光灯、白炽灯均不能亮,电源插座无电压	火(L)线断线	插拔线接通 QK1 的 L04 与 QF2 的 L04
K82	合闭 QF2 后,节能灯、日光灯、白炽灯均不能亮,电源插座无电压	零(N)线断线	插拔线接通 QK1 的 N04 与 QF2 的 N04
K83	电源插座无电压,其余电路正常	电源插座火(L)线断线	插拔线接通 XS 的 S103 与 FU6 的 S103
K84	三相四线电表走字变慢	三相四线电表电流 A 相互感器二次回路断线	去除 2TAa 短接线,接通 2TAa 的 S1(与黑端子并排的红端子)与 PJ2 的 U421
K85	三相四线电表走字变慢	三相四线电表电流 B 相互感器二次回路断线	去除 2TAb 短接线,接通 2TAb 的 S1(与黑端子并排的红端子)与 PJ2 的 V421

续表

故障	现象	原因	排除方法
K86	三相四线电表走字变慢	三相四线电表电流 C 相互感器二次回路断线	去除 2TAc 短接线，接通 2TAc 的 S1（与黑端子并排的红端子）与 PJ2 的 W421
K87	电压补偿控制器无电压	电压补偿控制器电压采样信号断线	插拔线接通 P1 的 US1 与电源 V005
K88	电动机 M1 不动作	电动机 M1 的控制回路断线	插拔线接通 FU7 的 V018 与 QF3 的 V018

参 考 文 献

[1]　王莹. 电能计量[M]. 北京:中国电力出版社,2017.

[2]　李长林. 电能计量错误接线仿真培训教程[M]. 北京:中国电力出版社,2018.

[3]　王晓文. 供用电系统[M]. 北京:中国电力出版社,2006.

[4]　王朗珠. 发电厂电气设备及运行[M]. 北京:中国电力出版社,2008.

[5]　李俊. 供用电网络及设备[M]. 2版.北京:中国电力出版社,2007.

[6]　唐顺志. 电力工程[M]. 北京:中国电力出版社,2008.

[7]　李珞新. 电力法规[M]. 北京:高等教育出版社,2006.

[8]　王焱. 电子式电能表技术问答[M]. 北京:中国计量出版社,2008.

[9]　蔡青有. 智能电能故障及检测[M]. 北京:中国水利水电出版社,2011.